# 铸件生产流程精讲

彭　凡　原晓雷　薛蕊莉
[比] 亨德里克斯·斯塔夫（Henderieckx Staaf）　编著

机械工业出版社
CHINA MACHINE PRESS

本书系统地介绍了从铸件的设计到铸件的标识和加工的所有生产流程。其主要内容包括：铸件设计和图样，铸造工艺设计，模样设计，铸型和芯，熔炼与浇注，铸件落砂、铲磨与清理，铸件的热处理，铸件的技术条件、检验和试验，铸件修复，铸件的表面处理，铸件标识和机械加工。本书语言文字简洁，并配有丰富的实际生产过程中的图片，直观易懂，实用性强。

本书可供铸造工程技术人员、工人阅读使用，也可作为相关专业在校师生的参考书。

北京市版权局著作权合同登记　图字：01-2018-1089号。

## 图书在版编目（CIP）数据

铸件生产流程精讲 / 彭凡等编著 . — 北京：机械工业出版社，2019.4（2024.11 重印）
ISBN 978-7-111-62294-9

Ⅰ . ①铸⋯　Ⅱ . ①彭⋯　Ⅲ . ①铸造－生产工艺　Ⅳ . ① TG24

中国版本图书馆 CIP 数据核字（2019）第 049962 号

机械工业出版社（北京市百万庄大街 22 号　邮政编码 100037）
策划编辑：沈　红　臧弋心　责任编辑：贺　怡　李含杨　王　珑　王彦青
责任校对：陈　越　　　　　封面设计：马精明
责任印制：刘　媛
涿州市般润文化传播有限公司印刷
2024 年 11 月第 1 版第 3 次印刷
169mm×239mm · 14.5 印张 · 322 千字
标准书号：ISBN 978-7-111-62294-9
定价：98.00 元

## 前言
### PREFACE

　　制造业是国民经济的主体，是科技创新的主战场，是立国之本、兴国之器、强国之基。铸造是装备制造业的基础产业，已有约6000年的发展历史。我国铸造产量连续18年稳居世界第一，全球每年铸件市场规模约为1万亿元，我国约占45%，从业人数200万人，企业2.6万家，是名副其实的"铸造大国"。总体上，我国铸造产业存在生产环境差、劳动强度大、效率低、铸件质量不高、环境污染等问题，亟待向绿色智能转型发展。

　　无论是铸件的设计者和生产者，还是使用者，都肩负着持续提高铸造品质的使命，那么了解所有的铸造生产类型和工艺方法等内容，是非常必要的。大多数铸造产品的用户并不是很理解铸件的设计、生产和采购的基本原则和要求，大多数情况下他们会依据惯例进行相似产品的购买。作为铸造厂——铸件的设计者和生产者，有必要、也有义务向铸件市场的用户和铸造从业者适当地告知其铸造的基本概念、生产流程等，并尽可能地使其了解铸件的性能特点和局限性。因此，我们编写了这本《铸件生产流程精讲》。

　　我们试图在本书中对各种铸件生产流程做出阐述，但因为材料、生产类型的复杂性和动态性，难免有些新的技术、流程没有编写进去。希望读者对本书多提宝贵意见，以使本书日臻完善，更适应读者的需求。

　　本书主要内容由彭凡、原晓雷、薛蕊莉、亨德里克斯·斯塔夫（Henderieckx Staaf）编写。在编写过程中得到了张俊勇正高职高级工程师、张龙江博士、安玲玲工程师等多人的协助，在此一并表示感谢。

　　本书编写人员均来自企业一线，所编写的内容更加实用，但是难免有错误、遗漏和不妥之处，还望读者批评指正。

编　者

目 录
CONTENTS

# 第1章

# 概　　述

要生产出满足设计者或顾客所有要求和愿望的铸件，必须完成好铸件生产中的几个步骤。每一个步骤都是重要的，都会影响到铸件的最终质量。铸件生产的简化流程图如图 1-1 所示。

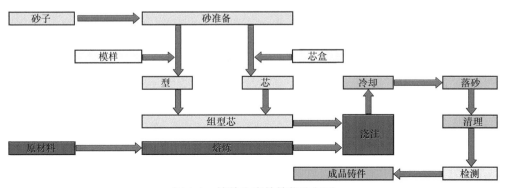

图 1-1　铸件生产的简化流程图

比较详细的铸件生产流程图如图 1-2 所示。这些都是正常的批量件生产流程，首件的生产流程当然是不一样的。技术部门依赖其技术和经验确定模样形状和尺寸、浇注系统、冒口和冷铁，保证铸件获得正确的尺寸、内在质量和表面质量。即使采用有效的模拟软件，如果首件（试验件）不符合质量要求，仍必须进行修改设计再生产新的试验件。如果试验件符合要求则要生产几件（批量验证）来验证工艺过程的稳定性，以保证获得正确的结果。

最重要的文件是最终产品的图样，也就是"全加工后"和"完全热处理及表面处理后"的铸件图样。依据图样信息，设计生产铸件所需要的模样或铸型。

使用模样工装（模样、芯盒、上下模板等）生产铸型和砂芯，并进行合箱准备浇注。砂型铸造的示例如图 1-3 所示。

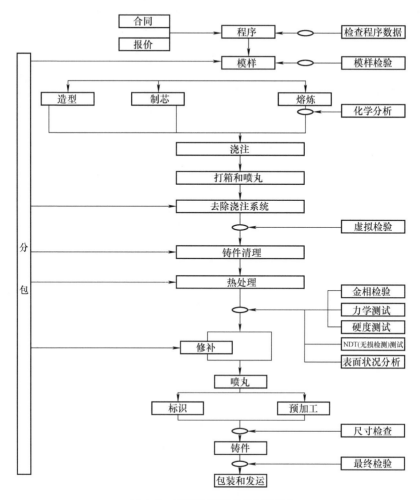

图 1-2　详细的铸件生产流程图

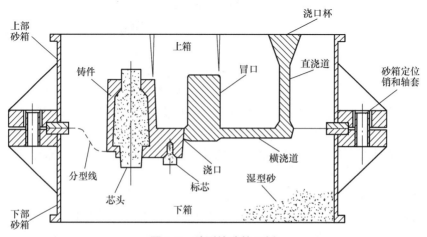

图 1-3　砂型铸造的示例

模样／芯盒是可以重复使用的，所以模样／芯盒的任何不符合性都是可以复制的，使用其生产的铸件就会产生相同的问题。

所有模样要完全正确并易于使用。尤其在批量件生产中，建议在通过首件和批量件验证后对模样进行彻底的改进以使其更加正确和易于使用。虽然这会花大量时间和费用，但是总比后续批量生产中由此引起的不合格和问题造成的成本要低。

不是所有的铸造厂都有模样生产部门，如果铸造厂只完成铸造工艺设计（起模斜、型芯间隙、模样收缩率、浇注系统等），并将模样分包给专业的和独立的模样生产厂则更能保证模样的质量。

但是工艺设计由分包模样设计公司来做是有风险的，这样的铸造厂不知道铸造工艺是如何设计的，从而依赖于某模样生产厂或供应商。

必须由铸造厂自己完成的工序有：造型、熔炼和浇注，有些工序如制芯、清理、修磨、检测和可能的铸件修补是可以分包的，当然这些都是需要权衡成本的。

有些性能要经过热处理才能达到要求，有时顾客会要求额外的热处理（如去应力退火）。这些热处理可由铸造厂自己做或由专业的公司做。

生产好的铸件还需要一些额外的作业，包括：涂装和表面硬化等，几乎所有的铸件都要经过机械加工，如：车、铣、钻等，这些有时候可以授权给铸造厂做，但在大多数情况下都是顾客自己做。

## 总结

1）模样生产，包括芯盒、浇注系统和模板。这些必须要符合铸件的形状结构。

2）砂芯可以单独采购。

3）砂子要与黏结剂（如膨润土）进行彻底、充分的混合，以增加黏结性和最终强度（仅对于湿型砂）。

4）模样和浇注系统（内浇道、横浇道、冒口、出气和浇口杯）周围填砂时要进行很好的紧实。冷铁是用来加快厚大断面或热节部位冷却，调整凝固顺序。紧实操作（捣实、振动等）使型芯强度均匀。起模后，铸型要经过干燥窑烘干以增加强度或等待自硬干燥（呋喃、酚醛等）。

5）组芯并与铸型装配在一起准备浇注金属。两半铸型的配合是由铸型里的或排列在两个砂箱之间的"定位销"（砂芯或金属的）来实现，形成一个考虑到金属收缩量的所需尺寸和形状的型腔，成品铸件所需要的任何复杂结构都包含在型腔中。因此铸型材料必须能重复制作所需的产品形状细节，并具有耐火性能，使其不会受到熔融金属的显著影响。生产每一个铸件都需要一个新的铸型，或由能够承受重复使用的材料制作，后者称为永久性铸型。

6）金属在熔炉中加热到高于液相线的一个合适的温度范围（浇注完成前金属不能凝固）。确切的温度要依据应用情况严格地控制。脱气和除去杂质等冶金处理都在这个阶段进行。金属炉料的一部分是用以前的废件或浇注系统、冒口等的回收料。

7）金属液浇入浇口盆，平稳而连续地填充铸型，直到铸型充满。熔融金属浇入到充满空气或气体的铸型，型腔中的气体和金属与造型材料反应产生的气体要通过出气孔或明冒口溢出，型腔完全充满。高质量的铸件必须是致密的，没有缩松和气体缺陷。

8）熔融金属冷却时（从几秒钟到几小时，这取决于铸件的壁厚）金属会收缩，体积将减小（取决于金属的类型和化学成分）。在此期间，液体金属可从冒口流入铸件进行补缩（补偿体积收缩）以保持所需的形状。必须注意的是铸型在金属凝固后的收缩过程中不能产生太大的阻力，否则会造成铸件开裂（铸件在高温时的强度较低）。另外，铸件的设计必须使铸件在液态和凝固收缩时不产生裂纹或内部缩松。

9）当铸件开始凝固，就会在内部产生细小的枝晶，这个过程决定金属的性能，并产生内部应力。如果一个铸件以恒定的冷却速率缓慢冷却，则最终获得的铸件组织相对比较均匀而且没有内部应力。

10）一旦铸件完全凝固至低于共晶点，在这个阶段拆开铸型取出铸件（打箱）将不影响最终金属的性能。此时铸件表面还黏附着一定的砂子，并且里面还有未溃散的芯砂。为确保从铸型中取出铸件，大多数的铸型（尤其是永久性铸型）必须由两半或由更多部分组成。

11）大量的剩余型砂或芯砂可通过机械敲击铸件或手工方式去除。另外也可以选择振动、抛丸等方法。

12）落砂后清理操作就是需要将铸件的多余材料去除，如引入金属的浇注系统、补缩的冒口及附着在铸件上的粘砂。打磨操作就是去除一些遗留的多肉，清理操作就是去除一些氧化物等。铸件需使用风铲、焊炬切除浇道、内浇口等，并通过磨削去除多余金属，清理氧化夹杂物。

13）采用机械加工获得最终形状的铸件。

14）铸件检测：铸件材料力学性能、表面状况、表面和内在质量、尺寸等。

这些步骤在下面的章节将要逐一讨论。

# 第 2 章

# 铸件设计和图样

## 2.1 简介

产品图是铸件生产的基础。这是因为图样是铸件生产的开始，包含了生产铸件的所有信息，这些信息可以保证加工后获得最好的产品。以产品图（铸件图）为开始，制定其他图样：铸造工艺图和模样图。要实现这些，下面的内容是必需的。

## 2.2 工艺参数

### 2.2.1 机械加工余量

ISO 8062（GB/T 6414）中规定了机械加工余量的选取。机械加工余量应适应由于材料的收缩而引起的长度上的尺寸波动，另外还要考虑铸件位于上箱的一侧总会有夹杂物（氧化物、夹砂、夹渣等），要去除夹杂物就需要额外增加加工余量。

### 2.2.2 模样起模斜度

图 2-1 给出了模样起模斜度或用型芯代替斜度，以保证铸型的起模。

模样从铸型里取出必须在表面上有斜度，斜度越大越容易取出，如图 2-2 和图 2-3 所示。

如果不允许有斜度，则有两种方法解决：

1）将斜度包含在加工余量里，加工后就没了（见图 2-4）。

2）可以利用额外的型芯来代替斜度（见图 2-1 右侧）。

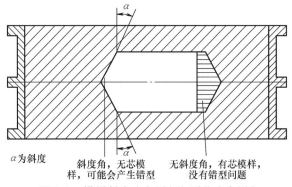

α为斜度

斜度角，无芯模样，可能会产生错型

无斜度角，有芯模样，没有错型问题

图 2-1　模样斜度（左侧）和型芯（右侧）

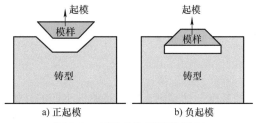

a) 正起模

b) 负起模

图 2-2　正确的和错误的斜度

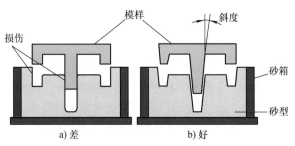

图 2-3　无斜度和有斜度

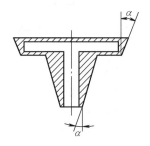

图 2-4　带斜度的加工余量

### 2.2.3　消除砂芯的措施

铸件设计中一些很小的改变就能避免使用型芯，这会大大降低铸件成本并能降低出现尺寸问题的风险，如图 2-5 所示。

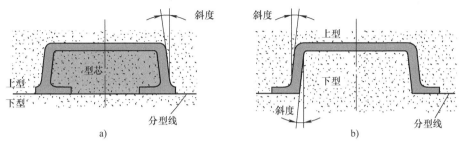

图 2-5　通过设计取消型芯

### 2.2.4　机械加工的参考点及"基准面"

铸件与其后序机械加工的参考点（0 点，基准面）必须是相同的，通常基准点必须要在铸件非加工表面上清楚标识。

为了方便机械加工，有时需要添加额外的加工余量，如图 2-6 所示。

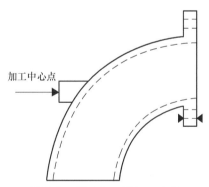

图 2-6　便于加工的加工余量

注：加工中心点作为夹紧装置。

### 2.2.5　最大应力集中的区域 / 壁厚

这个区域 / 壁厚是代表性断面 / 壁厚，其力学性能要满足要求，还决定着代表壁厚的试块尺寸的大小。

铸造厂可以通过一些工艺措施保证这些区域满足最小尺寸，有足够的加工余量以保证去除夹杂物和最低（或更好的）需求的断面质量。

### 2.2.6　铸件的尺寸公差

非加工面的尺寸公差由造型方法决定。各种材料的铸件尺寸公差参照 ISO 8062（GB/T 6414）。表 2-1～ 表 2-4 列出了这个标准中的相关技术数据。

表2-1 铸件尺寸公差等级

（单位：mm）

| 铸件尺寸 | 铸件尺寸公差等级 | | | | | | | | | | | | | |
| --- | --- | --- | --- | --- | --- | --- | --- | --- | --- | --- | --- | --- | --- | --- |
| | DCTG3 | DCTG4 | DCTG5 | DCTG6 | DCTG7 | DCTG8 | DCTG9 | DCTG10 | DCTG11 | DCTG12 | DCTG13 | DCTG14 | DCTG15 | DCTG16 |
| 0~10 | 0.18 | 0.26 | 0.36 | 0.52 | 0.74 | 1.0 | 1.5 | 2.0 | 2.8 | 4.2 | — | — | — | — |
| 11~16 | 0.20 | 0.28 | 0.38 | 0.54 | 0.78 | 1.1 | 1.6 | 2.2 | 3.0 | 4.4 | — | — | — | — |
| 17~25 | 0.22 | 0.30 | 0.42 | 0.58 | 0.82 | 1.2 | 1.7 | 2.4 | 3.2 | 4.6 | 6.0 | 8.0 | 10.0 | 12.0 |
| 26~40 | 0.24 | 0.32 | 0.46 | 0.64 | 0.90 | 1.3 | 1.8 | 2.6 | 3.6 | 5.0 | 7.0 | 9.0 | 11.0 | 14.0 |
| 41~63 | 0.26 | 0.36 | 0.50 | 0.70 | 1.0 | 1.4 | 2.0 | 2.8 | 4.0 | 5.6 | 8.0 | 10.0 | 12.0 | 16.0 |
| 64~100 | 0.28 | 0.44 | 0.56 | 0.78 | 1.1 | 1.6 | 2.2 | 3.2 | 4.4 | 6.0 | 9.0 | 11.0 | 14.0 | 18.0 |
| 101~160 | 0.30 | 0.44 | 0.62 | 0.88 | 1.2 | 1.8 | 2.5 | 3.6 | 5.0 | 7.0 | 10.0 | 12.0 | 16.0 | 20.0 |
| 161~250 | 0.34 | 0.50 | 0.70 | 1.0 | 1.4 | 2.0 | 2.8 | 4.0 | 5.6 | 8.0 | 11.0 | 14.0 | 18.0 | 22.0 |
| 251~400 | 0.40 | 0.56 | 0.78 | 1.1 | 1.6 | 2.2 | 3.2 | 4.4 | 6.2 | 9.0 | 12.0 | 16.0 | 20.0 | 25.0 |
| 401~630 | — | 0.64 | 0.90 | 1.2 | 1.8 | 2.6 | 3.6 | 5.0 | 7.0 | 10.0 | 14.0 | 18.0 | 22.0 | 28.0 |
| 631~1000 | — | — | 1.0 | 1.4 | 2.0 | 2.8 | 4.0 | 6.0 | 8.0 | 11.0 | 16.0 | 20.0 | 25.0 | 32.0 |
| 1001~1600 | — | — | — | 1.6 | 2.2 | 3.2 | 4.6 | 7.0 | 9.0 | 13.0 | 18.0 | 23.0 | 29.0 | 37.0 |
| 1601~2500 | — | — | — | — | 2.6 | 3.8 | 5.4 | 8.0 | 10.0 | 15.0 | 21.0 | 26.0 | 33.0 | 42.0 |
| 2501~4000 | — | — | — | — | — | 4.4 | 6.2 | 9.0 | 12.0 | 17.0 | 24.0 | 30.0 | 38.0 | 49.0 |
| 4001~6300 | — | — | — | — | — | — | 7.0 | 10.0 | 14.0 | 20.0 | 28.0 | 35.0 | 44.0 | 56.0 |
| 6301~10000 | — | — | — | — | — | — | — | 11.0 | 16.0 | 23.0 | 32.0 | 40.0 | 50.0 | 64.0 |

注：对于壁厚，递进一级的公差是有效的。例如一般公差是 DCTG10 级，壁厚公差就是 DCTG11 级。

表 2-2　不同造型方法的推荐公差等级

| 造型方法 | 公差等级　DCTG | | | | | | |
|---|---|---|---|---|---|---|---|
| | 钢 | 灰铸铁 | 球墨铸铁 | 可锻铸铁 | 锌 | 铜 | 铝 |
| 批量砂型铸造，小型系列 | 11~14 | 11~14 | 11~14 | 11~14 | 10~13 | 10~13 | 9~12 |
| 机器砂型铸造，壳型铸造 | 8~12 | 8~10 | 8~10 | 8~10 | — | 8~10 | 7~9 |
| 铁和陶瓷模样重力铸造或低压铸造 | — | (7~9) | (7~9) | (7~9) | 7~9 | 7~9 | 6~8 |
| 铁和陶瓷模样重力铸造或低压铸造 | — | — | — | — | 4~6 | 6~8 | 5~7 |
| 消失模铸造，精密铸造 | 4~6 | (4~6) | (4~6) | — | — | 4~6 | 4~6 |

表 2-3　铸件最小加工量　　　　　　　　　　（单位：mm）

| 最大尺寸 | 最小加工量 | | | | | | | | | |
|---|---|---|---|---|---|---|---|---|---|---|
| | A | B | C | D | E | F | G | H | J | K |
| 0~40 | 0.1 | 0.1 | 0.2 | 0.3 | 0.4 | 0.5 | 0.5 | 0.7 | 1 | 1.4 |
| 41~63 | 0.1 | 0.2 | 0.3 | 0.3 | 0.4 | 0.5 | 0.7 | 1 | 1.4 | 2 |
| 64~100 | 0.2 | 0.3 | 0.4 | 0.5 | 0.7 | 1 | 1.4 | 2 | 2.8 | 4 |
| 101~160 | 0.3 | 0.4 | 0.5 | 0.8 | 1.1 | 1.6 | 2.2 | 3 | 4 | 6 |
| 161~250 | 0.3 | 0.5 | 0.7 | 1 | 1.4 | 2 | 2.8 | 4 | 5.5 | 8 |
| 251~400 | 0.4 | 0.7 | 0.9 | 1.3 | 1.8 | 2.5 | 3.5 | 5 | 7 | 10 |
| 401~630 | 0.5 | 0.8 | 1.1 | 1.5 | 2.2 | 3 | 4 | 6 | 9 | 12 |
| 631~1000 | 0.6 | 0.9 | 1.2 | 1.8 | 2.5 | 3.5 | 5 | 7 | 10 | 14 |
| 1001~1600 | 0.7 | 1 | 1.4 | 2 | 2.8 | 4 | 5.5 | 8 | 11 | 16 |
| 1601~2500 | 0.8 | 1.1 | 1.6 | 2.2 | 3.2 | 4.5 | 6 | 9 | 13 | 18 |
| 2501~4000 | 0.9 | 1.3 | 1.8 | 2.5 | 3.5 | 5 | 7 | 10 | 14 | 20 |
| 4001~6300 | 1 | 1.4 | 2 | 2.8 | 4 | 5.5 | 8 | 11 | 16 | 22 |
| 6301~10000 | 1.1 | 1.5 | 2.2 | 3 | 4.5 | 6 | 9 | 12 | 17 | 24 |

注：1. 标准中给出的尺寸是加工后最大的尺寸。

2. A 和 B 只在非常特殊的情况下使用，并只有在各方同意后才使用。

表 2-4　各种材料和造型方法的加工余量

| 方法 | 铸钢 | 铸铁 | | | 铜 | 锌 | 铝 | 镍 |
|---|---|---|---|---|---|---|---|---|
| | | 灰铸铁 | 球墨铸铁 | 可锻铸铁 | | | | |
| 手工砂型铸造 | G~K | F~H | F~H | F~H | F~H | F~H | F~H | G~K |
| 机器砂型铸造 | F~H | E~G | E~G | E~G | E~G | E~G | E~G | F~H |
| 金属型铸造 | — | D~F | D~F | D~F | D~F | D~F | D~F | — |
| 压力铸造 | — | — | — | B~D | B~D | B~D | B~D | — |
| 精密铸造 | E | E | E | E | E | E | E | E |

注：B 只用于特殊情况下。

有了这些信息，就可以完成"铸件图样"。铸件图样是最终产品的图样，但要修改加工量、斜度、基准点和其他参数以便于铸造生产。铸件设计者必须要与铸造厂沟通以获得最佳的加工性、斜度等。

铸造图样，尤其是以 CAD 文件格式传给铸造厂的铸造图样，铸造厂可使用其进行浇注模拟、模样设计、浇注系统设计、冒口和冷铁的尺寸和位置设计等。铸造厂使用产品零件图样来进行仿真模拟是比较危险的，因为不同的壁厚（加工余量和斜度）对其结果影响很大。

## 2.3 总结

除了最后的零件图样（用于机械加工和生产准备），还应该有一个铸件图。铸件图是设计者、加工工厂和铸造厂之间协同做的最佳的（协调）方案。铸件图也能够清楚标识出有关铸造的项目，如冒口、冷铁等。

不建议设计者把铸件图作为唯一使用的文件传递给铸造厂。如果铸造厂只有铸件图，而没有最终的产品图样，铸造厂就无法评估其采用特定生产方法（主要是造型方法）生产而增加的加工余量和其他特征是否是合理的。

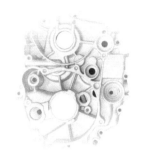

# 第 3 章

# 铸造工艺设计

## 3.1 简介

顾客的订单包含以下内容：

1）尺寸图样。

2）符合某标准的材料及其性能。

3）质量要求：内在质量和表面质量。

4）交货时间和条件。

5）价格和付款。

根据这些数据，设计部门要制订工艺和操作要求，说明每项操作的控制要求（材料类型、处理方法、浇注系统、冒口、冷铁及模样等）。

## 3.2 材料和处理

顾客会依据标准指定材料，标准规定的材料要求（包括检测、试验条件）必须要满足。顾客还会增加额外的要求：针对抗拉强度和硬度等力学性能（在大多数标准里，或要求拉伸性能，或要求硬度，很少有两个都要求的，如果一个是要求的，另一个将以"标示"给出）。例如：EN 1563 标准里的 EN-GJS-400-18 只要求抗拉强度、屈服强度和伸长率，硬度作为标示。EN-GJS HB150 则是要求硬度，抗拉强度和屈服强度作为标示。但是有的顾客会把它们结合起来要求，这取决于铸造厂是否接受这样的要求。

顾客还会在标准的基础上提高要求。在这种情况下要取决于铸造厂是否接受，一旦接受，就必须要满足要求。有些标准，尤其是合金铸铁或合金铸钢，会规定化学成分范围。非合金铸铁一般不会在标准里规定化学成分的要求，非合金钢会规定一部分化学成分的要求。

确定冶金处理是很重要的工作：脱氧（钢），脱硫（钢和球墨铸铁），石墨促进（球墨铸铁的球化处理和蠕墨铸铁的 Mg 或 Ti 处理），孕育处理（灰铸铁、蠕墨铸铁和球墨铸铁）和晶粒细化（白口铸铁、可锻铸铁、不锈钢）。

设计部门必须确定化学成分，浇注后的冷却（开箱时间）和热处理工艺。并要制作一个生产作业指导书。

## 3.3 浇注系统

### 3.3.1 简介

浇注系统要保证浇注的金属液产生最小的紊流，对型腔产生最小的冲刷，铸件各部分温度正确地分布，型腔内气体及产生的气体有效排出。

浇注系统包括各单元结构：浇口盆、直浇道、横浇道、内浇道、出气孔、过滤网。冒口也可以用于出气，因其另有基本用途，需要单独叙述（见 3.4 冒口和冷铁）。常规的浇注系统如图 3-1 和图 3-2 所示。

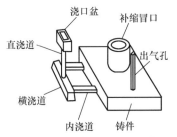

图 3-1　带浇注系统的铸件，不含浇口盆　　　图 3-2　浇注系统全貌

### 3.3.2 浇注系统描述

浇口盆，确保盛放足够的金属并能正确和连续地填充直浇道。这意味着直浇道要完全充满且金属液没有夹杂。有时浇口盆也用来进行二次或三次孕育。

浇口盆可以作为铸型的一部分（见图 3-3）或独立在铸型顶部（见图 3-4）。只有很小的铸件才能用第一种组合式浇口盆，独立式浇口盆可以非常大，容有超过 10t 的金属液（取决于铸件的重量）。

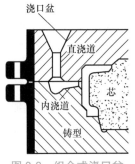
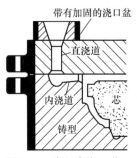

图 3-3　组合式浇口盆　　　　　　　图 3-4　独立式浇口盆

直浇道是将金属液从浇口盆引入到横浇道的单元，可将金属液垂直运送到底部。重要的是要将直浇道完全充满，避免气体聚集或冲刷直浇道材料。

直浇道越高，金属液到达直浇道底部的速度增加而产生更多的问题，例如会产生飞溅（见图 3-5）。

直浇道底部金属液的速度 $v$ 按下式计算（没有考虑金属液与型砂/耐火材料之间的摩擦）：

$$v=\sqrt{2gh} \tag{3-1}$$

金属液对底部的冲击能量 $E$ 按下式计算：

$$E=\frac{mv^2}{2} \tag{3-2}$$

式中　$g$——重力加速度，取 $9.81\text{m/s}^2$；

　　　$h$——直浇道高度（m）；

　　　$m$——金属液的质量（kg）。

浇注开始时在直浇道底部产生飞溅和紊流是很难避免的。最好的解决方法就是增加直浇道陷坑（见图 3-6）从而能确保在已经有一部分金属液之后不再产生问题。

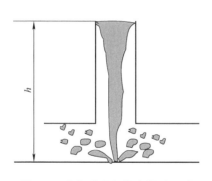

图 3-5　直浇道底部的金属液飞溅

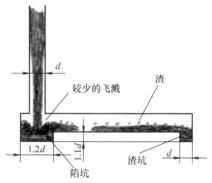

图 3-6　开始浇注时陷坑降低飞溅

横浇道是浇注系统中水平运送金属液的部分，可将金属液从直浇道运送到横浇道或混合浇注系统的另外直浇道内。横浇道主要的作用是降低金属液的流速，使得渣、砂子和其他夹杂物可以浮起来并被横浇道顶部捕获。

第一股金属液清理浇注系统（灰尘、散落的涂料或砂子），冷的型腔也会造成第一股金属液的热量损失（温度降低）。因此，第一股金属液不能进入到型腔里，这时横浇道还没有充满，渣子不能被横浇道捕获。第一股金属液可以用横浇道端头的集渣坑收集，如图 3-7 所示。

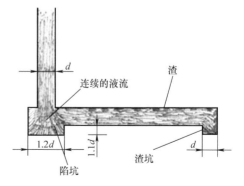

图 3-7　金属液连续注入带有陷坑和集渣坑的横浇道

内浇道是浇注系统中将金属液从横浇道运送到型腔最后的单元。内浇道要保证干净的金属液以正确的速度（越低越好）进入型腔。如果流速太快，则紊流严重并在型内产生新的氧化物。这些氧化物（Mg 渣）除非通过冒口或出气孔去除，否则会作为渣子留在铸件内，如图 3-8 所示。

铸铁和铸钢的关键速度 $v_{关键}$ 大约为 0.5m/s。

金属液跌落总是会产生氧化物和熔渣的问题。最好的解决方法就是底注和较低的进流速度。

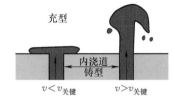

图 3-8　金属液低速进入型腔（$<v_{关键}$）和高速进入型腔（$>v_{关键}$）

出气孔是浇注系统中让型腔中的空气和气体顺利溢出的一部分，要保证空气和气体不影响金属液充型。

要记住气体 / 空气加热后（浇注过程中）体积会增加，若体积不增加，则同水一样压力会增大。

恒压 25℃下的 1cm³ 空气，在 1550℃会达到 66cm³。

恒体积 25℃下的 10N/cm² 空气，在 1550℃会达到 628N/cm²。

恒压 25℃下的 1cm³ 水，在 1550℃会成为 1050cm³ 水蒸气。

因此，用化学黏结砂铸型生产铸件，必须要有出气孔或冒口（明冒口或带出气孔的暗冒口）。有很高的透气性的湿型砂铸型有时可不用出气孔，通常不推荐这么做。

过滤器是一种特殊设施，放置在直浇道、横浇道或内浇道，用来避免灰尘或其他物体进入到型腔。尽管过滤器可以放置在浇注系统的任何位置，但大多数情况下放置在横浇道上。

如果使用过滤器，则浇注系统必须是开放式浇注系统。图 3-9 展示的是一个过滤网供应商推荐的典型过滤器的浇注系统设计。

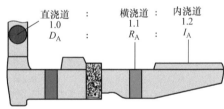

图 3-9　使用过滤器的浇注系统设计示例

过滤器可以是"布网"型、陶瓷"蜂窝"型或"泡沫"型的，泡沫过滤器是最有效的一种。如图 3-10 和图 3-11 所示。

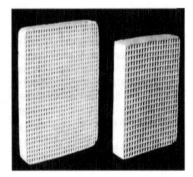

图 3-10　陶瓷蜂窝型（挤压）过滤器

图 3-11　陶瓷泡沫型过滤器

过滤器以每英寸面积的孔数量（ppi）或金属液流通过率为特性指标来区分，常用的是 10ppi、20ppi 和 30ppi。

### 3.3.3　浇注系统设计

浇注系统有两种基本类型：压力型（封闭式）和非压力型（开放式）。除此之外还有其他浇注系统，大多是压力型与非压力型组合使用或浇注系统不用直浇道、横浇道等。这两种浇注系统都有其典型的设计特点，不能混淆。

理论设计计算是基于水力学公式，阻流截面 $S_{阻}$（浇注系统中最小截面）的计算公式为

$$S_{阻} = \frac{G}{\rho t f_v \sqrt{2gh}} \tag{3-3}$$

式中　$G$——浇注重量（kg）；

　　　$t$——浇注时间（s）；

　　　$g$——重力加速度，取 981cm/s$^2$；

　　　$\rho$——金属液密度，一般为（6.8~7.1）×$10^{-3}$kg/cm$^3$，大小取决于化学成分；

　　　$h$——静压头高度，内浇道与浇口盆内液面之间的距离（cm）；

　　　$f_v$——速度系数，取决于浇注系统：0.75~0.85 为顶注；0.60~0.70 为无阶梯的侧注；0.50~0.60 为有阶梯的侧注；0.40~0.50 为底注。

$$\frac{1}{10^{-3} \times \sqrt{2g}} = \frac{1000}{\sqrt{2 \times 981}} \approx 22.6$$

将上述单位及数据代入式（3-3），得出简化公式：

$$S_{阻} = \frac{22.6G}{\rho t f_v \sqrt{h}} \quad (cm^2) \tag{3-4}$$

式（3-3）和式（3-4）在出气截面大于等于阻流截面时有效。

计算金属液在内浇道内的流速非常重要，尤其是易氧化的金属液，如铝合金、高铬铁、球墨铸铁（Mg 会形成渣）。

内浇道内金属液的流速是

$$v_{内浇道} = \frac{10G}{\rho t S_{内浇道}} \quad (m/s) \tag{3-5}$$

如今，也可以用仿真模拟软件进行浇注系统设计。工程师利用计算机软件可以计算和实现充型模拟，显示充型速度、液流形态（是否有紊流）和气体夹渣问题等。

### 3.3.4　总结

浇注系统最主要的特征有：

1）充型过程中紊流最小化，紊流会导致吸气，金属液氧化和冲蚀铸型表面（造成夹砂缺陷）。

2）保证充型完整。

3）为正确的凝固顺序（避免缩松缺陷）提供合适的温度梯度。

浇注系统设计是铸造工艺设计的最大挑战，且变得越来越复杂。在铸造厂铸件上的很多收缩和夹渣问题（造成大部分废品的原因）是由于浇注系统设计不正确。

## 3.4 冒口和冷铁

金属从浇注温度到室温会有体积的收缩：

1）液态收缩，从浇注温度到液相线温度——凝固开始的温度。

2）凝固收缩，从液相线温度到固相线温度——凝固结束的温度。

3）固体收缩，从固相线温度到室温，铸件各方向尺寸出现线尺寸缩小。

前两个阶段的收缩可以通过冒口来补缩，最后阶段的收缩可通过模样放大尺寸来补缩。

冒口的首要功能就是提供液态金属补充铸件凝固过程中体积的收缩。冒口根据形状和位置可以分为：暗冒口、侧冒口、顶冒口等。

冒口要发挥作用，则要保证在铸件金属不再发生收缩前仍有液态金属与铸件接触。因此，冒口金属要比连接处铸件更晚凝固。球墨铸铁在凝固的最后阶段，金属由于石墨析出而膨胀，则冒口可以在这个阶段断开或凝固。基本上所有的金属都需要冒口，只有一个例外，就是有些球墨铸铁件可以无冒口浇注，这是因为其在凝固过程中没有收缩，如图 3-12 所示。

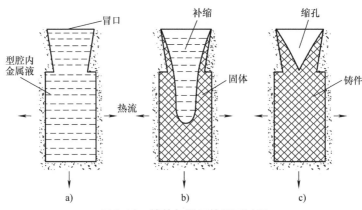

图 3-12　铸件与冒口的凝固过程

不同材料凝固过程中的体积收缩也不同，所以需要不同大小的冒口进行收缩的补缩。表 3-1 给出了不同材料在不同温度下的收缩率（浇注温度很重要，浇注温度会影响液态收缩量的大小）。冒口的尺寸要进行计算，需要补缩的有效体积和满足对整个铸件进行补缩的冒口数量。

冷铁是放置在铸件上促进其提前凝固的金属激冷物（也可以是石墨、碳化硅、铬矿砂等）。冷铁可以改变铸件上收缩的位置，但是不能减小收缩。

冷铁的厚度和尺寸也要进行计算，保证局部有正确的凝固时间。

工程师可以通过计算机仿真模拟软件进行浇注系统、冒口和冷铁设计，但是必须要认识到每一种模拟软件都必须有特点的铸造厂条件。

表 3-1　常用材料的收缩率（取决于浇注温度）

| 材　　　料 | 体积收缩率（%） |
| --- | --- |
| 碳钢 | 2.5~3.0（取决于碳含量） |
| 碳的质量分数为 1% 的钢 | 4.0 |
| 合金钢 | >5.0 |
| 灰铸铁和球墨铸铁 | −1.9~2（取决于石墨含量） |
| 白口铸铁 | 4.0~5.5 |
| 纯 Al | 6.6 |
| Al+4.5%Cu | 6.3 |
| Al+12%Si | 3.8 |
| 纯 Cu | 4.92 |
| 70%Cu+30%Zn | 4.5 |
| 90%Cu+10%Al | 4.0 |
| Mg | 4.2 |
| Zn | 6.5 |

## 3.5 模拟程序

要正确地计算浇注系统、冒口和冷铁很困难，原因是：

1）铸件的复杂性（铸件有很多内腔）。

2）断面和表面的质量级别不同。

3）液态金属质量的影响。

4）造型材料的影响。

5）需要与金属有关的知识和经验。

为了帮助铸造工作者，市场上开始出现仿真模拟软件。工程师设计好浇注系统、冒口和冷铁，模拟软件可预测铸件质量，如果结果不满意，进行修改后可用软件重新模拟。模拟软件能将质量结果（气体夹杂、渣子和缩松等）直观地展现出来。

但是要记住，输入到程序里的数据有金属液质量、铸型材料和强度、冶金处理方法等。这些都需要工程师的知识和经验。程序可避免计算错误。

仿真模拟软件需要 AutoCAD 三维图样，并要进行很好的网格划分以确保所有的缺陷能被显示。这需要进行很好的培训（软件供应商提供）。

对于单相材料（钢、铝、铜等），模拟收缩是非常明显的。对于双相材料（灰铸铁、蠕墨铸铁和球墨铸铁），由于石墨的析出，很难有软件能显示完全正确的结果（尤其是厚壁球墨铸铁件）。

为了使真实结果尽量与模拟结果接近，则必须要进行充型模拟。很多铸造厂只拥有单一的"液态收缩"和"凝固模拟软件"，这样很难得到正确的结果。尽管可以通过漂亮的视频和图片给顾客展示结果，但是实际并非这样。对顾客来说，最重要的就是保证

铸造厂能正确地使用模拟软件（检验和对比实际与模拟的结果）。

## 3.6 模样

当完成浇注系统、冒口和冷铁的设计和计算后，浇注位置确定了，就可以设计模样了。浇注可以在垂直分型的铸型里（如 DISA 浇注），这种方式适用于小件大批量；浇注也可以在水平分型铸型里，这种方式适用于所有类型的铸件，详细的内容会在第 4 章中介绍。

## 3.7 作业指导书

当浇注系统、冒口和冷铁设置好（经过模拟仿真确认），铸造工艺基本就固定了。工艺设计人员就要编写各项操作的作业指导书来保证结果符合预期。作业指导书要用完整、正确、易懂的语言编写并要给操作者解释清楚。作业指导书中要覆盖所有过程影响因素的偏差，并要告诉操作者如果发生了偏差该如何去处理。

要根据工作情况对工艺进行不断的审核和修订。

## 3.8 总结

工程师制订所有铸造生产过程的作业指导书，确保结果能满足顾客的需求。工程师要具备适当的材料知识、铸造设备知识和操作能力，以及对于潜在铸造问题的解决方案。能够做到这一点，就需要有大量的经验。一般来说，如果设计正确，则结果应该能满足顾客需求。但实际上，受铸造设备和操作者执行能力的影响，结果并不能得到确保。

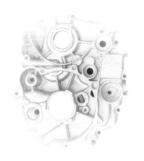

# 第 4 章

# 模样设计

## 4.1 定义

模样设计的范畴包括：模样、芯盒、配套的模板、紧固装置、浇注系统、冒口定位和冷铁位置标识等，检查型芯、铸型和组芯的检具和卡板也属于模样设计的内容。

模样就是最后形成铸件的复制品，用来制作铸型。通常由模样形成铸件的外部形状，芯盒（型芯）形成铸件的内部形状。取出铸型、型芯里的模样，组合型芯形成与所需铸件形状一样的型腔，而尺寸因不同模样的铸造收缩率（与金属类型和铸件形状有关）而不同。

各种模样设计示例如图 4-1~ 图 4-9 所示。

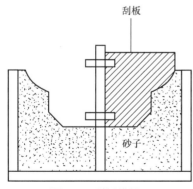

图 4-1 刮板模样

图 4-2 木模样

图 4-3　金属模样

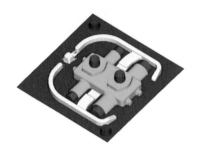

图 4-4　模样设计

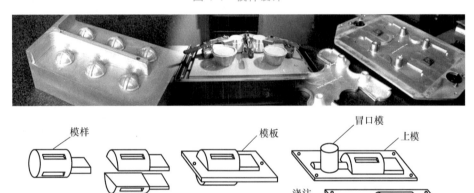

模样　　　　　　　　　　　　　模板　　　冒口模　　上模

浇注
系统

下模

a)　　　　　　　b)　　　　　　　c)　　　　　　　d)

图 4-5　小铸件产品的模样设计

图 4-6　单面模板，水平造型

图 4-7　垂直造型模样设计，常用于小型铸件造型

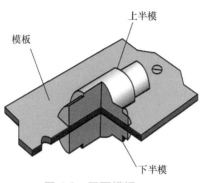

图 4-8　双面模板　　　　　　　　　图 4-9　消失模

## 4.2 线收缩率（模样收缩率）

　　模样尺寸与铸件尺寸不同的主要原因是铸件在凝固过程中在固相线时的尺寸要大于在室温时的尺寸，其收缩量的大小取决于金属的热膨胀系数。

　　只有在模样上增加这个收缩量方可获得正确的铸件尺寸。实际上，铸件的形状、铸型材料的强度和浇注温度都会对线收缩率产生较大的影响，如图 4-10 所示。

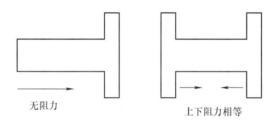

无阻力　　　　　　　　　　上下阻力相等

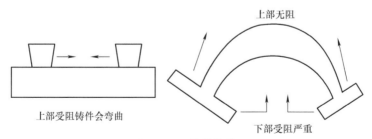

上部无阻

上部受阻铸件会弯曲　　　　　　下部受阻严重

图 4-10　铸件收缩

　　推荐的模样收缩率参考值（摘自标准 DIN 50131）见表 4-1。

　　由于影响因素较复杂，铸造厂很难准确预测新铸件的收缩量，除非生产过类似的铸件。

表 4-1　模样收缩率参考值

| 材　　料 | 模具收缩率（%） | |
|---|---|---|
| | 平均 | 范围 |
| 灰铸铁 | 1.0 | 0.9~1.1 |
| 球墨铸铁 | 1.15 | 0.9~1.4 |
| 热处理球墨铸铁（铁素体） | 0.5 | 0.3~0.7 |
| 铸铁球墨铸铁（其他文献） | 0.85 | 0.8~0.9 |
| 蠕墨铸铁 | 1.1 | 0.8~1.4 |
| 白口铸铁 | 1.7 | 1.4~2.0 |
| 黑心可锻铸铁 | 0.5 | 0.3~0.7 |
| 奥氏体铸铁（耐蚀镍合金），片状石墨 | 1.5 | 1.4~1.6 |
| 奥氏体铸铁（耐蚀镍合金），球状石墨 | 2.0 | 1.5~2.5 |
| 铬镍铸铁（含镍耐磨铸铁） | 1.95 | 1.8~2.1 |
| 低合金钢 | 1.8 | 1.6~2.0 |
| 高合金钢，铁素体 | 2.0 | 1.5~2.5 |
| 高合金钢，奥氏体 | 2.5 | 2.4~2.6 |
| 锰钢（奥氏体，锰的质量分数为12%） | 2.55 | 2.3~2.8 |
| 铝合金，Al-Si-（Cu） | 1.1 | 0.9~1.3 |
| 铝合金，Al-Mg | 1.2 | 1.0~1.4 |
| 铜合金，低合金 | 1.9 | 1.6~2.2 |
| 铜合金，Cu-Al | 2.1 | 1.8~2.4 |
| 铜合金，Cu-Ni | 2.0 | 1.6~2.4 |
| 铜合金，Cu-Ni-Zn | 1.1 | 0.8~1.4 |
| 铜合金，Cu-Pb-Sn | 1.45 | 1.2~1.7 |
| 铜合金，Cu-Sn（青铜） | 1.4 | 1.0~1.8 |
| 铜合金，Cu-Sn-Zn | 1.25 | 1.0~1.5 |
| 铜合金，Cu-Zn | 1.1 | 0.8~1.4 |
| 铜合金，Cu-Zn-Al（铝青铜） | 1.5 | 1.0~2.0 |
| 铜合金，GCuZn15Si4 | 1.4 | 1.3~1.5 |
| 镍和镍铜合金 | 2.0 | 1.6~2.4 |
| 白合金（指各种浅色的合金，以锡铅或锑为基的合金） | 0.5 | 0.4~0.6 |
| 锌合金（砂型铸造） | 1.25 | 1.0~1.5 |
| 锌合金（压力铸造） | 0.5 | 0.4~0.6 |
| 铅合金（压力铸造） | 0.4 | 0.3~0.5 |
| 锡合金（压力铸造） | 0.3 | 0.2~0.4 |

## 4.3　模样设计要求

模样设计和模样质量在很大程度上会决定铸件的质量，尤其是表面质量以及内部质量。模样设计的主要要求不分先后顺序，因为它们都非常重要，不同类型的铸造其重要程度不同。

### 4.3.1　铸件尺寸公差

影响因素：

1）模样精度 / 公差标准。

2）铸造材料的线收缩率。不同材料的线收缩率不同，即使是同一个铸件，其线收缩率也不是常数。

3）造型材料的强度。

4）铸型涂料层的厚度，特别是对于薄壁件。

5）综合考虑分型面和分芯方案，不在铸件表面出现披缝和飞边，如无法避免，也要垂直出现在铸件表面。

上下箱之间设置定位装置（阳和阴）确保分型面不会产生偏移，定位装置之间的位置要正确，阳定位与阴定位的间隙尺寸要尽可能地小（见图 4-11 和图 4-12）。

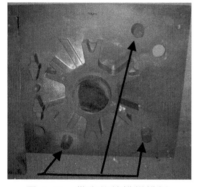
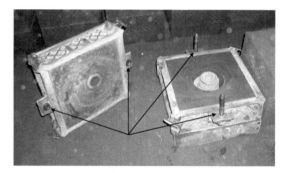

图 4-11　带定位的模样模板　　　　　图 4-12　带定位的铸型

### 4.3.2　铸件质量

分型面决定了什么地方可以和应该放冒口和冷铁。冒口和冷铁虽然可以消除铸件的收缩缺陷，但是冒口和冷铁的位置会影响铸件的表面质量和清理的工作量。

金属液进入型腔，应使得整个铸件形成良好的温度场（大多金属材料需要与冒口之间建立顺序凝固），确保整个铸件的材料均匀。

冒口能够排出气体和冶金夹渣。

### 4.3.3　模样寿命

模样的制作要保证模样的最小可造型数量和在最短寿命周期内的稳定性（在不改变质量和尺寸的情况下）。

不同的造型方法模样承受的负载不同，有时候不正确的造型方法或造型操作可引起模样的变形和损坏，并导致初始尺寸的变化。

模样材料随着时间改变，影响模样的尺寸和质量，例如木材的开裂、铝的氧化和塑料的退化。

当需要图样变更或模样修改时，模样应具有不损失质量的尺寸修改可能性。

如果模样比较复杂且包含很多部分，就需要有运输和存放防护措施来避免模样受到损坏。

### 4.3.4  模样成本

模样设计必须要考虑模样成本和批量生产铸件的成本的最小化。

便宜的模样可能会产生严重影响铸件的组织和性能的缺陷，从而使铸件成本增加，因此必须要综合考虑如何使铸件和模样成本最小化。

对于昂贵的模样，通常首选先制作一个临时模样来验证尺寸、浇注系统和浇注的铸件质量。有了这些信息才可以制作最终的模样，这样可以保证不会由于质量原因而对模样进行修改。

对昂贵的模样进行修改会在很大程度上降低其质量，例如在树脂模上增减加工余量。

### 4.3.5  铸件成本

1）铸件的成本一部分取决于模样的设计。

在模样设计中，将模样的所有部分（如模板、紧固装置、模样、芯盒、检具、卡板和浇注系统等）作为一个整体统筹考虑是十分必要的。

每个铸造厂有着"自己的"浇注系统以适应其设计方法以及造型、熔炼、铲磨方法等。即使模样处于良好状态，铸造厂修改模样通常意味着额外的模样变更成本，如果顾客拒绝支付这部分费用，铸造厂依然使用旧的浇注系统，那么谁对铸件的尺寸、表面质量和内部质量的不合格负责？换言之，如果模样从一个铸造厂转到新铸造厂，新铸造厂大都不同意原有的设计，新铸造厂肯定会产生修改模样的额外费用，这是不可避免的。这个事实会限制顾客改变供应商的可能。

许多铸造厂都没有模样生产部门，他们利用独立的专业模样制造商为其生产模样，模样制造商必须按铸造厂模样、模板和紧固装置的要求执行。

模样制造商通常都不是铸造专业人员，须要进行专业的指导，这就要求铸造厂和模样厂一起达成良好的协议，互相了解、明确各自的问题，找到最好的解决方法。将责任和财务风险由其中一方来承担不是好的解决方法，必须由双方共同承担。

2）出品率是铸件净重与所浇的金属液重量之比，出品率取决于浇注系统和冒口的设计（热冒口、暗冒口、明冒口、侧冒口和顶冒口等），这部分的金属成本也属于铸件成本的一部分。

3）砂铁比决定铸型的成本，这部分成本也属于铸件成本。

## 4.4 标准

有几个可作为模样设计的指南和标准。通常在欧洲使用标准 EN 12890，这个标准描述了如下特性：

1）质量级别。

2）尺寸公差。

3）起模斜度。

4）颜色代码。

以及 EN 12883—2000《铸造　熔蜡铸造法用熔蜡模型的生产设备》和 EN 12892—2000《铸造　用于消失模铸造的消失模生产设备》。

### 4.4.1 质量级别

依据造型方法以及模样造型批量划分的质量级别见表 4-2。

表 4-2　依据造型方法以及模样造型批量划分的质量级别

| 级别 | 材 料 | 适用于 |
|---|---|---|
| H1a | 木 | 批量生产 |
| H1 | 木 | 中等批量生产 |
| H2 | 木 | 小批量生产 |
| H3 | 木 | 单件生产 |
| M1 | 金属 | 批量生产 |
| M2 | 轻金属 | 中等批量生产 |
| K1 | 塑料 | 中等批量生产 |
| K2 | 塑料 | 小批量生产 |
| S1 | 聚苯乙烯泡沫模样 | 表面光滑，可使用多次 |
| S2 | 聚苯乙烯泡沫模样 | 表面光滑，可使用一次 |
| S3 | 聚苯乙烯泡沫模样 | 对表面无要求，只使用一次 |

### 4.4.2 尺寸公差级别

模样的尺寸公差要等于铸件的最小尺寸公差（非加工尺寸），这是因为模样是基础，铸件不能比模样更精确。模样的尺寸公差级别见表 4-3。

表 4-3　模样的尺寸公差级别

| 尺寸 /mm | | 公差 /mm | | | | | | | |
|---|---|---|---|---|---|---|---|---|---|
| 从 | 至 | H1a/H1 | H2/H3 | M1 | M2 | K1 | K2 | S1/S2 | S3 |
| 0 | 18 | ± 0.2 | ± 0.4 | ± 0.10 | ± 0.15 | ± 0.15 | ± 0.25 | ± 0.4 | ± 0.6 |
| 19 | 30 | ± 0.2 | ± 0.4 | ± 0.10 | ± 0.15 | ± 0.15 | ± 0.25 | ± 0.5 | ± 0.8 |
| 31 | 50 | ± 0.3 | ± 0.5 | ± 0.15 | ± 0.20 | ± 0.20 | ± 0.30 | ± 0.5 | ± 0.8 |
| 51 | 80 | ± 0.3 | ± 0.6 | ± 0.15 | ± 0.25 | ± 0.25 | ± 0.30 | ± 0.7 | ± 1.1 |
| 81 | 120 | ± 0.4 | ± 0.7 | ± 0.20 | ± 0.30 | ± 0.30 | ± 0.45 | ± 0.7 | ± 1.1 |

（续）

| 尺寸 /mm | | 公差 /mm | | | | | | | |
|---|---|---|---|---|---|---|---|---|---|
| 从 | 至 | H1a/H1 | H2/H3 | M1 | M2 | K1 | K2 | S1/S2 | S3 |
| 121 | 180 | ± 0.5 | ± 0.8 | ± 0.20 | ± 0.30 | ± 0.30 | ± 0.50 | ± 0.9 | ± 1.5 |
| 181 | 250 | ± 0.6 | ± 0.9 | ± 0.25 | ± 0.35 | ± 0.35 | ± 0.60 | ± 0.9 | ± 1.5 |
| 251 | 315 | ± 0.6 | ± 1.0 | ± 0.25 | ± 0.40 | ± 0.40 | ± 0.65 | ± 1.1 | ± 1.8 |
| 316 | 400 | ± 0.7 | ± 1.1 | ± 0.30 | ± 0.45 | ± 0.45 | ± 0.70 | ± 1.1 | ± 1.8 |
| 401 | 500 | ± 0.8 | ± 1.2 | ± 0.30 | ± 0.50 | ± 0.50 | ± 0.80 | ± 1.4 | ± 2.2 |
| 501 | 630 | ± 0.9 | ± 1.4 | ± 0.40 | ± 0.60 | ± 0.60 | ± 0.90 | ± 1.4 | ± 2.2 |
| 631 | 800 | ± 1.0 | ± 1.6 | ± 0.40 | ± 0.60 | ± 0.60 | ± 1.00 | ± 1.6 | ± 2.5 |
| 801 | 1000 | ± 1.1 | ± 1.8 | ± 0.50 | ± 0.70 | ± 0.70 | ± 1.10 | ± 1.6 | ± 2.5 |
| 1001 | 1250 | ± 1.3 | ± 2.1 | ± 0.50 | ± 0.80 | ± 0.80 | ± 1.30 | ± 2.1 | ± 3.3 |
| 1251 | 1600 | ± 1.5 | ± 2.5 | ± 0.60 | ± 1.00 | ± 1.00 | ± 1.50 | ± 2.1 | ± 3.3 |
| 1601 | 2000 | ± 1.8 | ± 3.0 | ± 0.70 | ± 1.10 | ± 1.10 | ± 1.80 | ± 3.0 | ± 4.6 |
| 2001 | 2500 | ± 2.2 | ± 3.5 | ± 0.80 | ± 1.40 | ± 1.40 | ± 2.20 | ± 3.0 | ± 4.6 |
| 2501 | 3150 | ± 2.7 | ± 4.3 | ± 1.00 | ± 1.60 | ± 1.60 | ± 2.70 | ± 4.0 | ± 6.5 |
| 3151 | 4000 | ± 3.2 | ± 5.0 | ± 1.30 | ± 2.00 | ± 2.00 | ± 3.20 | ± 4.0 | ± 6.5 |

### 4.4.3 起模斜度

起模斜度能确保模样从铸型中起模取出时不被损坏。起模斜度通常与分型（模）面相关。图 4-13（同图 2-2）展示了正确的起模斜度（见图 4-13a）和会造成铸型损坏的不正确起模斜度（见图 4-13b）。

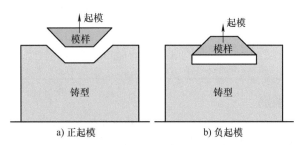

图 4-13　正确和不正确的模样起模斜度

表 4-4 是砂型模样起模斜度的参考值。

直面、凸台和其他细节对应的芯盒都有最小起模斜度：当高度 ≤ 70mm 时，最小起模斜度为 5°；当高度 > 70mm 时，最小起模斜度为 3°。

模样的起模斜度会出现在铸件上，如果铸件上不允许有该斜度，则必须要用型芯，每次需要制芯并将型芯放进铸型。这会增高模样成本，铸件的制造成本也更高。因此推荐接受起模斜度，首选在加工面上，可以通过机械加工将其去掉（见图 4-14）。这也是一种昂贵的解决措施，往往加工费用要大于造型和制芯的费用。

表 4-4  砂型模具起模斜度的参考值

| 高度 /mm | 起模斜度 /(°) | 高度 /mm | 起模斜度 /(°) |
|---|---|---|---|
| 至 10 | 3 | 500~630 | 3.5 |
| 10~18 | 2 | 630~800 | 4.5 |
| 18~30 | 1.5 | 800~1000 | 5.5 |
| 30~50 | 1.0 | 1000~1250 | 7.0 |
| 50~80 | 0.75 | 1250~1600 | 9.0 |
| 80~180 | 0.5 | 1600~2000 | 11.0 |
| 180~250 | 1.5 | 2000~2500 | 13.5 |
| 250~315 | 2.0 | 2500~3150 | 17.0 |
| 315~400 | 2.5 | 3150~4000 | 21.0 |
| 400~500 | 3.0 | | |

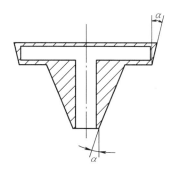

图 4-14  加工余量包含起模斜度

## 4.4.4  颜色

EN 12890 根据铸件材料对模样进行了颜色规定。这是因为每种材料都有不同的线收缩率，所以浇注一种材料的模样不能用于浇注另外一种材料。模样的颜色标识见表 4-5。

表 4-5  模样的颜色标识

| 材　　料 | 标识位置 | | |
|---|---|---|---|
| | 模样 | 芯头 | 冷铁 |
| 钢 | 蓝 | 黑 | 红 |
| 灰铸铁 | 红 | 黑 | 蓝 |
| 球墨铸铁 | 紫 | 黑 | 红 |
| 可锻铸铁 | 灰 | 黑 | 红 |
| 铝合金 | 绿 | 黑 | 蓝 |
| 铜合金 | 黄 | 黑 | 蓝 |

在实际工作中，这些颜色标识较少使用。

### 4.4.5 使用建议

表 4-6 中的使用建议适用于非合金灰铸铁。

表 4-6 使用建议

| 铸件重量范围 | 批 量 | 模样类型级别 |
|---|---|---|
| <100kg | <500 | H1a |
| | >500 | K2 |
| | >1 | K2, M2 |
| | >5 | M1 |
| <500kg | 1 | S1 |
| | <50 | H2 |
| | <100 | H1, H1a |
| | >100 | H1a, K2 |
| | >500 | K1 |
| >500kg | <50 | H1 |
| | >50 | H1a |

## 4.5 模样概述和评价

实际铸件总是比模样的尺寸精度差,型芯与铸型的配合就有很大的影响,因为芯头和芯座之间的间隙就会引起铸件尺寸的潜在变化。

铸件的表面质量部分取决于模样的表面状况(粗糙的模样或芯盒会反映到铸件上)。造型方法与最佳模样设计类型有直接关系。

下面将叙述多次使用和单次使用(永久和一次性类型)模样的设计。

**1. 将旧铸件作为模样**

这样的模样比较便宜(铸件必须适应模样收缩和加工的要求),但是造型成本(需要有经验的造型工)和额外的加工成本(与常规的模样比)高。这种模样通常用于一次性铸造,通常不需要或需要很少的芯子。

图 4-15 所示是用旧铸件作为模样,在旧铸件上添加缺失的轮齿,并增加加工余量和模样收缩量。

**2. 生产筒、盘状铸件的刮板模样**

这种模样非常便宜,但是造型成本高,需要有经验的造型工。这种模样通常用于一次性铸造,通常不需要或需要很少的型芯,如图 4-1 所示。

图 4-15 旧铸件作为模样

### 3. 骨架模样（见图 4-16）

这种模样成本低（但是需要不断修理，尤其是长期放置后），但是造型成本高（但低于前面两种模样的造型成本），造型工需要有较好的技能。

这种类型的模样适用于有模样和芯盒的情况（例如：管道和大直径的弯管）。

### 4. 独立的木制模样

这种模样成本较低，适用于单件小批量

图 4-16　骨架模型

生产。模样是一个整体，没有分模（见图 4-17），也可以有活动部分，这样可避免使用型芯如图 4-18 和图 4-19 所示。独立模样的缺点就是处理很困难，容易损坏，且缺少浇注系统。

图 4-17　整个模样（无分型面）

图 4-18　有活动部分的模样

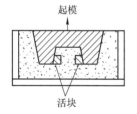

图 4-19　有活动部分的模样使用原理

### 5. 塑料（树脂）和金属模样（见图 4-20 和图 4-21）

这类模样比较昂贵，特别适用于小批量和复杂形状的精密部件。树脂模样比较脆，适用于小铸件。金属模样适用于对模样的损坏特别敏感的铸件。金属模样的缺点就是重量较大（如果是铝模就不存在这个问题）和缺少浇注系统。

### 6. 石膏模样（见图 4-22）

这是一种非常便宜的模样，适用于对尺寸要求不太严格的单件或小批量生产。在使用、处理、运输和贮存过程中容易损坏。与木模、树脂模或金属模相比表面质量要差。

图 4-20　树脂模样

图 4-21　金属模样

**7. 带模板的模样**（木制、塑料、树脂或金属）

这是一种比较昂贵的模样，适用于平均批量生产。优点是浇注系统可以固定在模板上，对造型操作者的技能没有特殊要求（见图 4-23 和图 4-24）。模板可以是平面的，也可以是沿高度方向随形阶梯形的（避免做芯子）（见图 4-25）。

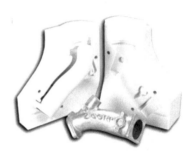

图 4-22　石膏模样

图 4-23　树脂模

图 4-24　金属模

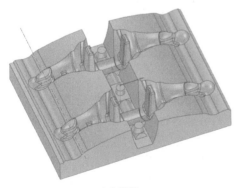

a) 上模板

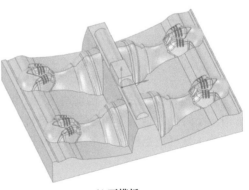

b) 下模板

图 4-25　随形树脂模

8. 用 "SLS"（选择性激光烧结）、"SL"（立体光固化）或 "FDM"（熔融沉积成型）制作的模样

这种模样是用塑料（树脂）生产的。利用顾客的 CAD 图样，增加模样收缩率和加工余量，通过立体光刻或激光选择性烧结生成数据（见图 4-26 和图 4-27）。

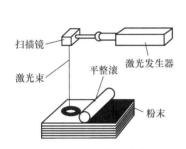

图 4-26　SLS 模样生产原理

图 4-27　SLS 模样

立体光固化技术是一种快速原型技术，将 3D 模型数据分割成很薄的层，利用激光发生器产生的紫外线追踪每一层液态光敏聚合物的表面，当激光接触到光敏聚合物时，光敏聚合物就被催化，随后成型、硬化、每层互相结合直到全部完成，完整的模样就完成了。最后将 SL 模样涂上底漆并打磨光滑。

立体光固化技术是生产模样的最新技术，通常用于原型（快速生产，并易于修改）和要求交货周期短的铸件。首选的是没有或有很少简单型芯的铸件。铸件的尺寸有所限制（不能太大）。

熔融沉积成型（FDM），简单地讲，是加热将材料熔化成液态，通过打印头挤出后固化，最后在立体空间排列成立体实物，原理如图 4-28 所示。

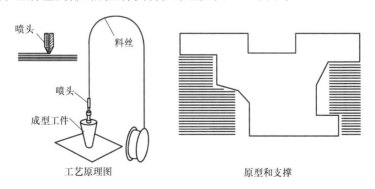

图 4-28　FDM 原理图

如果热熔性材料的温度始终稍高于固化温度，而成型部分的温度稍低于固化温度，就能保证热熔性材料挤出喷嘴后，随即与前一层面熔结在一起。一个层面沉积完成后，工作台按预定的增量下降一个层的厚度，再继续熔喷沉积，直至完成整个实体造型。

FDM 相对成本低，材料种类广泛，零件复杂程度适中，设备制造成本低，适合于打印模样及各种雕塑、工艺类产品。

9. 壳型模样，自硬砂铸型（见图 4-29 和图 4-30）

这种模样成本很高，适用于对尺寸精度和表面质量要求非常高的铸件。缺点是除了成本高之外，壳型造型也比较耗能。适用于生产连续和精确铸件的型芯。

图 4-29　在造型机器上的壳型模样

图 4-30　壳型模样

10. 金属型（见图 4-31）

金属型起到模样和铸型的作用，因为金属可直接浇到里面，不需要额外的模样。在需要型芯的时候可用常规的芯盒制作。金属型生产铸件材料有限制，大多用于生产有色金属铸件，最适用于没有型芯的铸件。

11. 高压压铸模样（见图 4-32 和图 4-33）

这种模样跟金属型一样，起模样和

图 4-31　金属型

铸型的作用，金属液直接浇入铸型，没有额外的模样。尤其适用于非铁合金和大批量无型芯铸件的生产。

图 4-32　高压压铸模 I

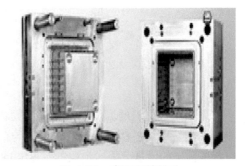

图 4-33　高压压铸模 II

**12. 离心和连续铸造模样**（图 4-34 和图 4-35）

这种模样与高压压铸模样一样，金属型也起模样的作用，金属液可直接浇入其中或通过它（即连续铸造）。对于连续铸造，模样也叫喷嘴。高成本的喷嘴限制了它的使用，对于生产棒材、管材和柱形铸件来说成本比较低。

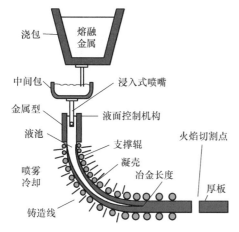

图 4-34　离心和连续铸造模样原理图　　　　　图 4-35　连续浇注喷嘴

**13. 精度相对较低的聚苯乙烯泡沫模样**（见图 4-36 和图 4-37）

这种模样比较便宜，但是铸件的尺寸精度和表面质量较差一些，适用于小件或大件的单件（小批量）生产，这些产品倾向于定期变化。

其生产成本较低的原因是没有型芯和分型面，铸件的清理成本也很低。缺点是浇注时有大量黑烟产生，如果铸件废了，就需要重新制作模样。典型的例子就是机床（框架和底座等，型芯比较密集）和冲压车体的模样（需不断更新）。

图 4-36　消失模模样 I　　　　　　　图 4-37　消失模模样 II

**14. 批量生产的高精度泡沫消失模样**（见图 4-38）

这种模样通过蒸汽发泡生产，形状简单。对于批量生产和精度要求高的铸件，使用这种模样相对便宜。造型用的是硅砂（没有任何添加物），在真空下浇注。最典型的就是汽车上的离合器盘、制动鼓和阀体铸件。

15. 精密铸件模样，失蜡铸造（图 4-39 和图 4-40）

这些模样是将蜡浇到模样里制成。一个模样可分成几部分制作，然后用加热的方法结合在一起。

用蜡料做模样，通常是将蜡制成模样，在模样表面包覆若干层耐火材料制成型壳，再将模样（蜡）熔化排出型壳，从而获得无分型面的铸型，经高温焙烧后即可填砂浇注的铸造方案。

模样成本比较高，适用于生产中等批量和大批量的对尺寸精度和表面质量要求高的产品，尤其适用于对表面质量和尺寸精度要求高的小铸件。可以省去加工步骤。

16. 精密铸件的消失模模样

这种模样是将泡沫塑料注射在模型中制成。相比于蜡模更加便宜，也可以得到较高的尺寸精度和表面

图 4-38　高精度泡沫消失模模样

质量。这是一种最新的受国际专利保护的技术。模样成本比较高，适用于生产中等批量和大批量的对尺寸精度和表面质量要求高的产品，尤其适合于对表面质量和尺寸精度要求高的小铸件。可以省去加工步骤。

图 4-39　蜡模

图 4-40　失蜡模样

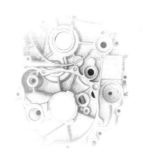

# 第 5 章

# 铸型和芯

## 5.1 简介

铸型形成铸件的外部轮廓，型芯形成铸件的内腔或某些外表面。

实际上，铸型型腔是与最终铸件形状反向的阴型。铸型型腔充填熔融的金属，形成铸件。

铸型、型芯通常采用型砂作为主要的造型材料。造型材料具有耐火性，能承受高温而不变形，不与金属发生反应。

一次性铸型（大多是砂型）只能一次生产一个铸件，永久性铸型（大多是用石墨、金属或陶瓷制作）可重复使用。铸型通常分成几个部分，设有分型面，以便将模样从铸型中取出并可放进型芯。铸型之间的错偏会导致铸件的尺寸产生偏差（或飞边）、浇注系统质量下降，如图 5-1 和图 5-2 所示。

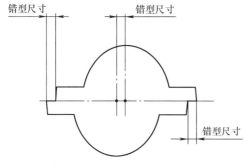

图 5-1　铸件上、下型错偏

图 5-2　直浇道上、下型错偏

"失蜡精铸工艺"和"消失模工艺"使用完整的铸型（即没有分型面），因此可避免错型问题。

模样设计完毕，造型方法及造型的材料、数量也就确定了。将型芯装配在铸型中，铸型和型芯形成的空腔浇注后就会成为铸件，芯头和芯座之间的间隙决定了飞边的大小。

除金属型铸造、压力铸造、离心铸造和连续铸造外，其他铸造工艺采用的都是一次性铸型。金属型为永久性铸型，通常用于低熔点金属铸造，如铝、锌、铅合金。连续铸造和离心铸造的铸型采用连续冷却，可以浇注高熔点金属。铸造金属型壁厚的选择要使其能吸收大量热量而温度又不能升高太多，因为在承受热冲击和高温服役的情况下其寿命是有限的。永久性铸型成本非常高，只适用于批量生产。

一次性铸型通常用硅砂制作，锆砂、橄榄石砂和铬砂用得较少，只用于特殊情况。一次性铸型用砂材料成本高，排放对环境影响大，因此回收非常重要。

一次性铸型的方法包括有箱造型和无箱造型。使用砂箱可增强铸型强度，易于铸型运输；无箱铸型只适用于强度较高的砂型，而湿型砂则不适用。无箱铸造通常在批量生产中由机械手操作，优点是没有砂箱，也省去了运输空砂箱环节，缺点是砂铁比会比较高。

型砂回收耗能高，如落砂、破碎、除尘、筛分及将回收砂分配到砂仓均需耗能，如果采用热法回收则还要增加加热、吸收和冷却气体以及再生砂冷却等耗能环节，甚至需要清洗和干燥回收砂，尤其是水玻璃砂就更耗能。

将来，如果能够在最少额外耗能的情况下更好地回收造型材料，并且使回收的铸型材料能够满足铸造厂和铸件的要求，将会更多地使用回收造型材料来造型和制芯。

砂型铸造的造型、制芯过程如图5-3所示。

砂型铸造工艺流程如下：

1）零件加工图用于模样设计，需要在图样上设计出收缩量、起模斜度等，如图5-3a所示。

2）模样安装在模板上，模板上配备有定位销。芯头用来给砂芯定位，如图5-3b、c所示。

3）分别用芯盒制出两个一半砂芯，然后把两半砂芯粘接成一个完整砂芯，如图5-3d、e所示。砂芯用来生产如图5-3a所示零件的内腔部分。

4）上型由上模板、通过定位销固定的砂箱以及直浇道和冒口组装而成，如图5-3f所示。

5）砂箱中填满型砂，经过适当的紧实后，起出模具，如图5-3g所示。

6）下型与上型类似，如图5-3h所示。

7）整体翻转下箱的底板、砂箱、模样，取出模样，如图5-3i所示。

8）将砂芯放置在下型的型腔内，如图5-3j所示。

9）将上型放置在下型上完成合箱，如图5-3k所示。浇注时，金属液的浮力会举起上箱。

10）金属凝固后，将铸件从铸型中取出。从铸型中取出的铸件如图5-3l所示。

11）切除浇道和冒口，进行铸件清理、检查和热处理（必要时）。成品铸件如图5-3m所示。

a) 零件的加工图　　　b) 上模板　　　c) 下模板

d) 芯盒　　　e) 两半砂芯粘在一起　　　f) 上型预备填砂

g) 填砂紧实好上型，取出模样　　　h) 下型预备填砂　　　i) 取出模样的下型

j) 下型放入砂芯　　　k) 上、下型组合，预备浇注　　　l) 从铸型中取出的铸件　　　m) 成品铸件

图 5-3　砂型铸造的造型、制芯过程

各类铸型系统可以通过铸件的表面粗糙度来表征。铸件的表面粗糙度决定着铸件是否需要加工及其外观质量。

图 5-4 所示为几种常见的加工工艺可达到的表面粗糙度。通常由客户来决定铸件的表面粗糙度。

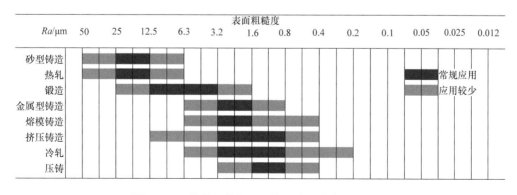

图 5-4　几种常见的加工工艺可达到的表面粗糙度

各类铸型的常见公差范围示意图如图 5-5 所示。

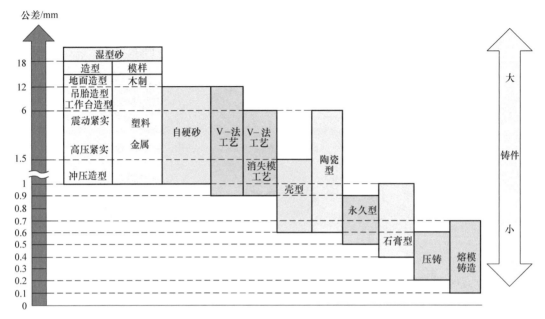

图 5-5　各类铸型的常见公差范围

## 5.2 造型方法

### 5.2.1　简介

造型类型主要分为三种，即永久性铸型、一次性铸型和特殊造型系统，如图 5-6 所示。

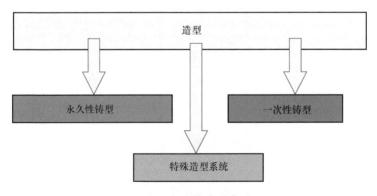

图 5-6　主要的造型类型

使用永久性铸型的铸造方法分为重力金属型铸造、离心铸造、低压铸造、压力铸造和水泥型铸造，如图 5-7 所示。

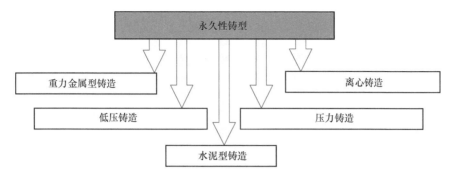

图 5-7　永久型铸型

特殊造型系统包括连续铸造、挤压铸造、半固态金属成型和单晶铸造，如图 5-8 所示。

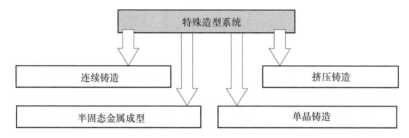

图 5-8　特殊铸型系统

一次性铸型包括砂型、陶瓷型和消失模，如图 5-9 所示。

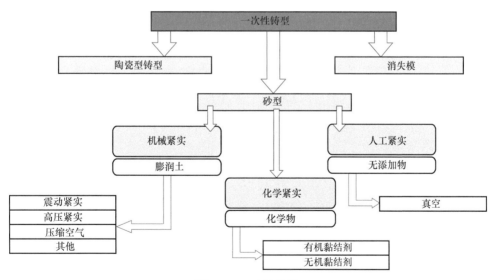

图 5-9　一次性铸型

组装好的铸型如图 5-10 所示。

造型和浇注工艺如图 5-11 所示。

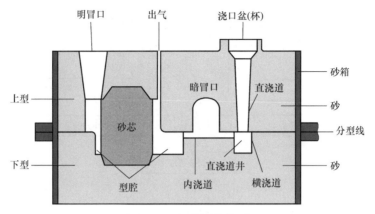

图 5-10　组装好的铸型

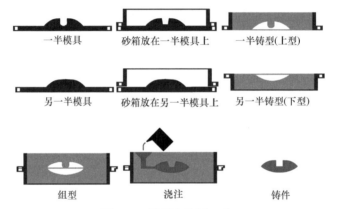

一半模具　　砂箱放在一半模具上　　一半铸型(上型)

另一半模具　　砂箱放在另一半模具上　　另一半铸型(下型)

组型　　　　　浇注　　　　　铸件

图 5-11　造型和浇注工艺

### 5.2.2　手工造型

#### 1. 简介

手工造型所用的设备为混砂机和紧实工具。手工造型的造型材料有湿型砂、化学硬化砂、石膏或水泥。手工造型需根据浇注的金属类型、铸件的尺寸和重量、所需的铸型强度来选取造型材料。

#### 2. 湿型砂

湿型砂通过紧实硬化，其抗压强度为800~1200kPa。湿型砂材料中含有硅砂、膨润土、煤粉和其他添加物。重复使用时需要添加水来冷却，并在混砂操作时再补充一些硅砂和膨润土。湿型砂含有70%~85%的硅砂、10%~12%的黏结剂（黏土、膨润土）和3%~6%的水。有时候会添加一些石墨材料（煤粉）来提高铸件的表面质量。湿型砂造型如图5-12所示。

目前，湿型砂造型和膨润土造型因工人劳动强

图 5-12　湿型砂造型

度大且铸型强度的一致性较差已不再广泛使用。

### 3. 化学硬化砂

早期的手工造型大多采用湿型砂造型（见图 5-13），现在常采用化学硬化砂造型（见图 5-14）。化学硬化砂的组成有双组分（黏结剂和催化剂）和三组分。常见的黏结剂有呋喃树脂、酚醛树脂和水玻璃等。黏结剂决定着型砂的终强度。催化剂通常是一种液体，它决定着硬化反应的开始和速度。化学硬化砂可以自硬化，也可以通过气体（如热芯盒固化剂 $CO_2$ 和冷芯盒的气体固化剂）硬化。有些型砂还可以通过加热或烘烤硬化，如油砂或热芯盒砂等。铸型型腔内表面需使用涂料保护，以避免金属液渗入或与金属液发生反应，且使用涂料保护还可减少铸件的抛丸量和修磨量。化学硬化砂非常适用于生产大型铸件，单件重量可达 100t。

图 5-13　湿型砂的手工造型　　　　图 5-14　化学硬化砂的手工造型

### 4. 石膏或水泥铸型

非常大的铸件，尤其是青铜铸件，可用石膏或水泥铸型浇注，因其具有高强度和高的耐热性。最典型的应用是船用螺旋桨（见图 5-15 和图 5-16），重量为 20~60t。

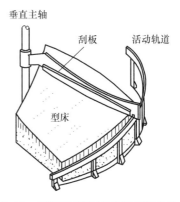

图 5-15　水泥铸型生产船用螺旋桨　　　图 5-16　刮板造型生产的船用螺旋桨

### 5. 小结

手工造型的特点如下：

1）适用于旧铸件模具、有模板模具、消失模模具、活动木模具、树脂模具和金属模。

2）一副模具可以生产多个铸型，降低了模具成本。

3）通常较少使用黏土砂，更多使用化学硬化砂。

4）铸型只能使用一次。

5）适用于所有铁合金和非铁合金铸造材料。

6）铸件重量可达 400t（湿砂型除外）。

7）大多是单件生产或小批量生产。

8）加工余量相对较大。

砂型铸造用砂子作为铸型材料，是一种比较灵活、成本较低的工艺。砂型铸造可生产的产品尺寸、形状范围大，但是与金属型铸造和熔模铸造相比，尺寸精度不高。砂型铸造适用于机器造型。

6. 应用

几乎所有的金属和非金属铸件都可以用手工造型砂型铸造的方法生产，生产的重量可从 1kg 到几百吨。尽管半自动化设备可以进行中等批量的生产，但是目前手工造型依然是单件和小批量生产的主要方法。图 5-17～图 5-20 所示为采用手工造型铸造出的产品。

图 5-17  转子

图 5-18  压缩机的机架

图 5-19  泵壳

图 5-20  风电轮毂

## 5.2.3　机器造型

### 1. 简介

机器造型包括造型材料准备、铸型生产和转运（转运线可存放准备好的模样、砂箱等工装以及造型好的铸型）。机器造型由机器或人工进行铸型和砂芯的组合。机器造型根据造型材料分为湿型砂机器造型、化学硬化砂机器造型和真空造型等。

机器造型效率高，每小时造型数量可达 30~130。机器造型需根据浇注金属的类型、铸件的尺寸和重量、所需的铸型强度选择造型材料。

### 2. 湿型砂

湿型砂机器造型是最常见的，也是效率最高的。

湿型砂中包含硅砂、膨润土、煤粉和其他添加物，其中煤粉用来提高铸件的表面质量。通常铸型用砂量是铸件质量的 7~10 倍，砂仓要能够容纳一天生产用砂量。浇注后铸型打箱回收的型砂经过喷水冷却，转运到破碎机破碎，带有黏结剂的砂子经完全破碎、筛分后，再添加新的膨润土、煤粉和其他添加物并调整至合适的含水量，然后进行包含透气性、水含量、湿强度、干强度、发气量、灼减量等项目的检测，检测合格的型砂可再次用来造型。

图 5-21~ 图 5-23 所示分别为湿型砂混砂机工作原理、湿型砂混砂工艺流程和湿型砂混砂机实景。

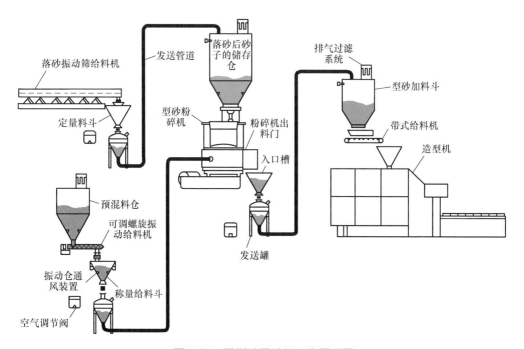

图 5-21　湿型砂混砂机工作原理图

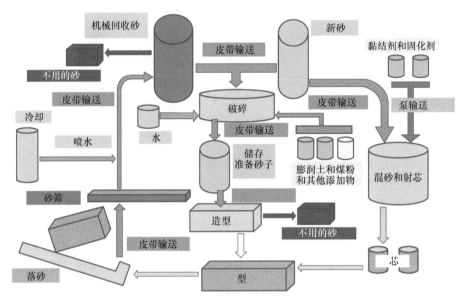

图 5-22　湿型砂混砂工艺流程

对砂型性能的要求很大程度上取决于铸件尺寸精度和铸型结构等因素，机器造型机根据造型紧实方式通常分为：

1）挤压造型机。

2）高压造型机。

3）高压加冲击造型机。

（1）挤压造型机　手工操作的震实造型机如图 5-24 所示。造型时砂子从顶部落下，砂量的大小由操作者给定的开始和结束信号控制，通过机器振动来紧实。早期这种机器噪声非常大，现在已有了很大的改进。型砂的抗压强度约为 1000kPa。

图 5-23　湿型砂混砂机实景

图 5-24　震实造型机

挤压造型机（见图5-25）的自动化程度较高，机器工作时，活塞或压缩空气推动挤压头，紧实砂型。由于每个铸型内砂量相等，所以砂型的抗压强度较高，能达到1200~1400kPa。

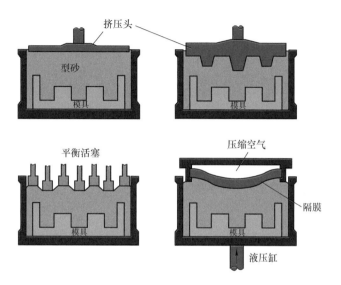

图 5-25　挤压造型机

（2）高压造型机　这种机器在高压下造型，采用水平分型或垂直分型，型砂抗压强度可达1300~1600kPa。如果没有砂芯或不需要放置冒口套和过滤网等，每分钟可生产1~3个铸型；如果有砂芯则需要配置下芯机器人。铸型可在传送带上运送到浇注、冷却、落砂开箱位置。垂直铸型通常是无箱造型，而水平铸型可以有砂箱或无箱造型，水平铸型还可以垂直填砂，水平浇注。浇注可以手工浇注或在造型线上由"自动浇注机"自动控制浇注。图5-26和图5-27所示分别为垂直造型及其工作原理。图5-28所示为垂直造型（水平浇注线）工作原理。图5-29和图5-30所示分别为垂直造型线（手动浇注）和水平高压造型线。图5-31和图5-32所示分别为手动浇注和自动浇注实景。

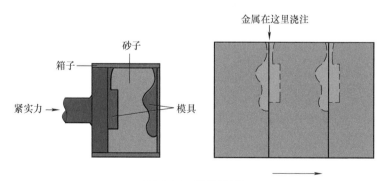

图 5-26　垂直造型

| 造型室关闭 | 射砂 | 挤砂 | 推出铸型 | 合型 | 起模 | 往前运送 |

图 5-27 垂直造型工作原理

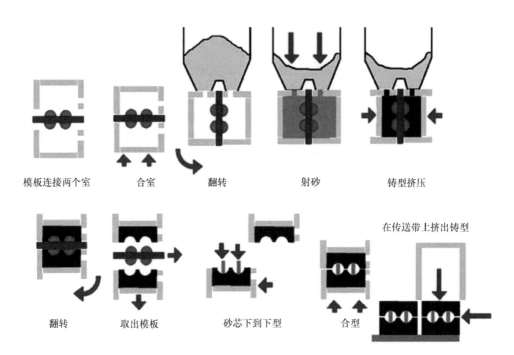

| 模板连接两个室 | 合室 | 翻转 | 射砂 | 铸型挤压 |

在传送带上挤出铸型

| 翻转 | 取出模板 | 砂芯下到下型 | 合型 |

图 5-28 垂直造型（水平浇注线）工作原理

图 5-29 垂直造型线（手动浇注）

图 5-30 水平高压造型线

图 5-31　手动浇注

图 5-32　自动浇注

（3）高压加冲击造型机　这种机器在高压造型机的基础上增加了冲击紧实，可使砂子的抗压强度达到 1400~1800kPa。

### 3. 化学硬化砂造型机

化学硬化砂造型机比较少见，其效率也没有湿型砂的高，主要是由于化学硬化砂需要反应时间。这种机器的特点是在造型尺寸方面没有限制，可以生产大于 1800mm × 1500mm 的铸型（湿型砂造型机通常生产的最大铸型尺寸是 1200 mm × 1200mm），铸型生产率每小时从 30 型（大型）到 60 型（小型）不等。铸型生产率的高低也取决于化学黏结剂的类型，最快的是派普树脂（属于酚醛尿烷系树脂），其硬化时间为 3~15min，它的优点是不含或含很少的硫和氮，并对吸湿不敏感。派普砂可以应用于冷芯盒，砂子可以最大限度地回收且不损失质量。起模后检查铸型，若合格则涂刷耐火涂料以获得高质量的表面，然后放在造型线上下芯并合箱。

两种最通用的造型系统是回转造型线和快速循环造型线，如图 5-33 和图 5-34 所示。

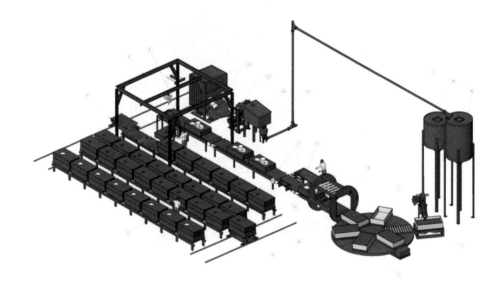

图 5-33　回转造型线

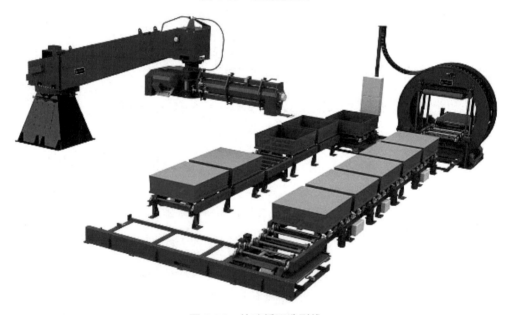

图 5-34　快速循环造型线

### 4. 真空造型

真空造型比较有意义的是砂子不需要添加物，只需要铸型表面的涂层能够阻止金属液进入到铸型材料即可。这样对环境非常有益，因为废型砂的重量不到 1%。有关真空造型将在 5.2.7 消失模造型和 5.2.8 真空造型进行详细说明。

### 5. 小结

机器造型在铸件生产中占有比较大的比重，其特点如下：

1）金属或树脂模样固定在机器的金属模板上。

2）造型材料为黏土砂和化学硬化砂，有时可采用气体硬化（尤其是冷芯盒）。

3）铸型只能使用一次。

4）适用于所有的铸件材料，铸件重量为 1kg~1t（使用化学硬化砂生产的铸件的重量要更大）。

5）适用于中等到大批量生产。

6）尺寸余量取决于模样和造型材料。

7）尽可能减少砂芯（砂芯多会降低生产率）。

6. 应用

机器造型非常适用于小件的批量生产（湿型砂铸型小于 150kg，化学硬化砂铸型小于 300kg），适用于所有类型的铁合金和非铁合金。垂直造型类型大多适用于没有型芯的铸件，生产率非常高。水平造型类型适用于有型芯的铸件，且对铸件壁厚的限制小，多数汽车铸件都是采用这种造型工艺生产。图 5-35~图 5-38 所示为使用机器造型生产的铸件实例。

图 5-35　垂直造型线生产的铸件

图 5-36　震压线生产的铸件

图 5-37　湿型砂铸型生产的铸件（震压机）

图 5-38　化学黏结砂生产的卡车铸件

## 5.2.4　壳型

1. 简介

壳型是将树脂覆膜砂放在金属型之间加热（>250℃），固化后形成的壳状铸型。壳型可以设计成水平分型或垂直分型。这种工艺的特点是可以生产非常薄的铸型（壳型），所需的造型材料很少，但砂子回收比较困难。壳型法通常将砂子或钢丸组合填在砂箱里，四周浸满干砂浇注。这种方法也用来制作型芯，但由于其芯盒成本高和耗能高（比冷芯盒高得多），故应用在减少。

**2. 工艺过程**

1）制造两个匹配的所需形状的模样。

2）用覆膜砂在模样上成壳直到厚度和性能满足需求。

3）加热模样，起模。

4）将成对的壳型紧固（用金属卡具或砂子、钢丸压紧）在一起，浇注金属。

5）取出最终的铸件。

造型如果有砂芯，可进行水平浇注，下芯、上下型合箱操作与湿型砂、化学硬化砂类似。图 5-39 所示为壳型制作过程。图 5-40 所示为水平壳型芯组装。

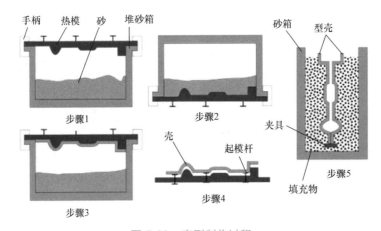

图 5-39　壳型制作过程

**3. 优点**

1）尺寸精度高。

2）铸件表面质量高。

3）需要的砂子少。

4）易实现机械化批量生产。

**4. 缺点**

1）模样成本高。

2）耗能高。

3）易产生气体缺陷。

4）能生产的铸件断面小，尤其是铸钢件。

图 5-40　水平壳型芯组装

**5. 小结**

1）金属模样固定在有加热系统的模板上。

2）使用树脂覆膜砂，需加热模具。

3）壳型只能使用一次，铸型（芯）材料少。

4）造型材料回收困难。

5）适用于各种材料的铸件。

6）适合小于 50kg 铸件，更适宜薄壁铸件。

7）可批量生产。

8）尺寸精度高，铸件表面质量高。

6. 应用

壳型法生产的砂芯比铸型多，尤其适合生产薄芯和表面质量要求较高的铸件。图 5-41 所示为壳型法生产的铸件。

图 5-41　壳型法生产的铸件

## 5.2.5　熔模精密铸造（失蜡法）

1. 简介

这种铸造工艺的模样只能使用一次，从不同的方面定义为"失蜡法"或"精密铸造"工艺。"失蜡法"的名称是指使用蜡模，"精密铸造"的名称旨在说明可获得高的精度。这种造型方法成本很高，可以生产非常小、结构复杂、尺寸精度高和表面质量高的铸件。使用这种方法生产的铸件不需要加工。

2. 工艺

熔模精密铸造使用的模样用蜡或塑料制作（如最近的专利工艺采用聚苯乙烯），将蜡模放在陶瓷型里成型，当陶瓷材料凝固并干燥后，将模样材料（蜡）加热并倒出，再将陶瓷型在高温（900℃）烘烤。通常情况下几个铸型与一个直浇道连接。连接好的铸型与浇注系统放在箱子里，埋上砂子等待浇注。

当浇注的金属冷却后，熔模材料可以通过振动锤或滚筒去除，还需切割掉铸件上的冒口、浇道并进行抛丸。抛丸类型的选择不能破坏铸件的表面质量，所以抛丸材料要使用非常细小的渣或果核。

熔模精密铸造的工艺过程如下：

1）用蜡或塑料等制作可融的模样，如图 5-42a 所示。

2）将模样由一个浇口和一个直浇道连在一起，整体浸泡在陶瓷泥浆里，如图 5-42b 所示。

3）陶瓷泥浆硬化后，将里面的蜡或塑料融化并倒出，如图 5-42c 所示。

4）蜡或塑料倒出来后，陶瓷型需要预热，如图 5-42d 所示。预热温度取决于浇注的金属类型，如铝的预热温度为 644℃，铁合金的预热温度为 1040℃。

5）在压力、真空或离心力作用下充型，如图 5-42e 所示。

6）冷却后，破碎铸型，取出铸件，去除直浇道，磨掉飞边，如图 5-42f 所示。

7）采用适当抛丸工艺进行铸件表面处理。

a) 制蜡模样

b) 制作陶瓷铸型

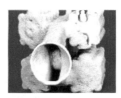

c) 除蜡

d) 浇注前预热陶瓷型

e) 浇注及冷却

f) 开箱、清理及检测

图 5-42  熔模精密铸造工艺

图 5-43 所示为蜡模。图 5-44 所示为蜡模组装树。图 5-45 所示为蜡模的陶瓷涂层树。图 5-46 所示为预热的陶瓷型。

图 5-43　蜡模

图 5-44　蜡模组装树

图 5-45　蜡模的陶瓷涂层树

图 5-46　预热的陶瓷型

3. 优点

1）没有型芯的非常复杂的铸型。

2）精度很高，不需要加工或少加工。

3）无分型线，不会有分型飞边。

4）表面非常光滑（表面粗糙度可达 2~9μm）。

5）壁厚可以很小。

6）适用于所有金属。

7）可一型多件。

4. 缺点

1）模样成本高。

2）铸造过程多，成本高。

3）陶瓷芯无法取出，通常用化学硬化砂芯。

4）生产周期长。

5）仅适用于小型铸件。

5. 小结

1）用蜡制作一次性模样。

2）陶瓷型只能用一次，且造型材料不能回收。

3）可以浇注的金属包括：钢，高合金钢、耐热和耐蚀钢；加工性差的金属；铜、铝合金，有时也用于锌合金；非常适用于钛合金。

4）可铸造重量为 1~100kg 的铸件。

5）可进行批量生产。

6）铸件精度和表面质量高。

6. 应用（见图 5-47）

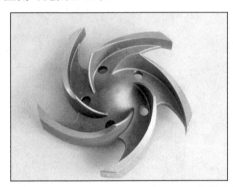

图 5-47　失蜡法铸件实例

### 5.2.6　石膏型和陶瓷型

1. 简介

使用石膏型和陶瓷型铸造的工艺方法类似，都是采用的造型材料能浇注熔点较高的铸件。其特点是尺寸精度和表面质量高，且生产成本高。

2. 石膏型

石膏型与砂型类似，都是一次性铸型。石膏型用配制的石膏制作，其含有质量分数为 70%~80% 的生石灰和 20%~30% 的纤维加强物，制型前添加水形成浆。石膏型只适用于铸造非铁合金金属，因为铁合金会与石膏里面的硫发生反应。模样通常用黄铜、塑料或铝制作，铸型通常是将石膏浆浇到阴模里形成。其中水的含量是关键问题，如果不将其去除，会造成气体夹杂并导致铸型表面粗糙。图 5-48 所示为制作好的石膏型。

使用石膏型铸造的工艺过程如下：

1）制作上、下模样。

2）使用石膏与纤维的混合物制作两个型腔。添加物可提高铸型性能，如泡沫石膏可增加渗透性。

3）将制作好的型腔加热排出水分。可选择在压力加热器中提高铸型渗透性进行脱水，脱水需要几个小时。

4）组型并加热，加热到一定程度后浇入金属液。石膏型的透气性较小，需要在压力或负

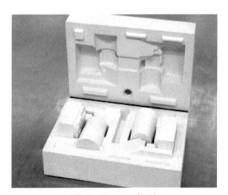

图 5-48　石膏型

压下完成充型。

5）取出最终的铸件并清理。

这种工艺方法灵活性强，容易进行设计修改，与其他造型方法相比生产周期短，而且尺寸精度高，通常用来铸造大型铸件（如船舶螺旋桨）和艺术铸件（见图 5-49）。

图 5-49　艺术铸件和石膏型

3. 陶瓷型

陶瓷型与石膏型相似，应用也相同，都具有很高的尺寸精度和表面质量，但陶瓷型表面更光滑，更适合浇注高温材料。陶瓷型也可以看作是一种特殊的壳型，需要分型且有较薄的型壁。陶瓷型适用于小件（小于 100kg）铸造。

制作陶瓷型的工艺过程如下：

1）将木模或金属模放在砂箱里，涂上锆石泥浆和熔融石英黏合剂。也可以用其他材料，如使用黏土做基料。

2）取出模样，清理并烘烤，壳型就制作完成了。

如果用于制作大型铸件的壳型烘烤困难，则可以选用蜡模。

图 5-50 所示为陶瓷型衬套。图 5-51 所示为陶瓷型。图 5-52 所示为用陶瓷型生产的衬套铸件。

图 5-50　陶瓷型衬套

图 5-51　陶瓷型（750mm 长）　　　　图 5-52　用陶瓷型生产的衬套铸件

### 5.2.7　消失模造型

**1. 简介**

这种工艺的通用名称为消失模工艺或实型铸造。它采用泡沫塑料模样，铸型没有分型面。可应用于以下两种情况：

1）铸造大件。通常用化学硬化砂造型，该方法应用历史较长。

2）铸造高精度小件。可实现批量生产，最近已应用于中等到大批量生产。

**2. 工艺**

生产大型铸件的工艺如下：

1）制作泡沫塑料模样。模样可以是整体的，也可以是几部分粘结在一起。

2）在模样表面涂刷涂料并干燥。

3）用化学硬化砂造型，无分型面和砂芯。

4）浇注铸件。模样气化产生的大量黑烟需要收集并过滤处理。

5）铸件在型内冷却，开箱，与普通铸件一样需要清理。

图 5-53 所示为生产大型机床铸件的塑料泡沫模样。

生产小型铸件的工艺如下：

1）制作泡沫塑料模样，如图 5-54a 所示。用发泡聚苯乙烯泡沫颗粒（或其他密度更小的泡沫材料）充模制作泡沫塑料模样。通常利用注塑机可以自动化生产整体的泡沫塑料模样。

图 5-53　生产大型机床铸件的泡沫塑料模样

2）将泡沫塑料模样组合（用胶粘合）在一个浇注系统树上（类似于失蜡铸造）。

3）给模样刷上涂料并干燥，如图 5-54b 所示。

4）将模样树放在砂箱里，填充干砂，震动紧实，如图 5-54c 所示。金属砂箱内有真空连接，故铸型顶部和底部要用塑料薄膜密封。

5）铸型在浇注完毕前需进行一段时间的抽真空，以保持铸型的强度，排除模样气化产生的气体。

6）浇注铸件，模样汽化，如图 5-54d 所示。产生的气化黑烟要收集并过滤处理。

7）铸件在型内凝固、冷却。

8）铸型开箱时间依据铸件材料（通常是铁素体或珠光体）来定。与普通铸件一样需要抛丸和清理。

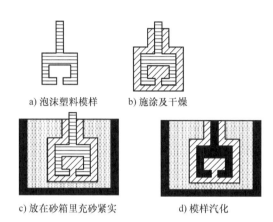

a) 泡沫塑料模样    b) 施涂及干燥

c) 放在砂箱里充砂紧实    d) 模样汽化

图 5-54　泡沫塑料模样装配

图 5-55 所示为真空浇注小型铸件。图 5-56 所示为用树脂砂型浇注大型铸件。

图 5-55　真空浇注小型铸件

图 5-56　用树脂砂型浇注大型铸件

与失蜡造型类似，消失模也可以采用"叠型"，即将模样独立制作完成后组合在一个浇注系统上，一次浇注可成型多个零件。图 5-57 所示为制作制动鼓的消失模模样组。图 5-58 所示为叠型消失模模样组。图 5-59 所示为制动盘模样，制动盘也可采用叠型消失模制造。

图 5-57　制作制动鼓的消失模模样组

图 5-58　叠型消失模模样组

图 5-59　制动盘模样

**3. 特点**

1）用泡沫塑料制作一次性模样。

2）对于大型铸件，可以采用化学硬化砂造型。

3）适用于所有铸件材料。

4）特别适合重量，超过 50kg 甚至高达数吨的大型铸件。

5）既适合单件生产，也适合批量生产。

6）精度比较高（取决于模样和铸型材料）。

7）表面质量不是很好。

**4. 优点**

用消失模生产大型铸件具有以下优点：

1）模样成本低。

2）造型成本低，不用砂芯生产复杂零件。

3）铸件清理量少。

用消失模生产小型铸件具有以下优点：

1）产量高。

2）尺寸精度高。

3）生产周期短。

4）节约用砂。

5）清理成本低。

**5. 缺点**

用消失模生产大型铸件存在以下缺点：

1）铸件精度保持差，表面质量也比较差。

2）浇注区域溢出大量的黑烟（需收集并过滤处理）。

3）如果用注塑法制作模样则需要制作相应的注塑模具。

用消失模生产小型铸件存在以下缺点：

1）需投资泡沫塑料模样制模设备。

2）需投资真空设备。

此外，由于大型铸件模样在气化时会产生大量的气体，生产小型铸件需要真空条件，故消失模浇注冒口系统设计的计算方法与普通的浇注冒口设计会有所不同，这使得很多模拟软件不适合模拟这种类型的铸造。

6. 应用

大型铸件的应用有：①机床铸件；②汽车车体冲压模样；③单件、小批量铸件。

小型铸件的应用有：①汽车铸件，如制动鼓、离合板等；②其他机械零件。

生产陶瓷铸型的模样可用消失模或蜡模。消失模可在预热陶瓷壳型时去除掉。这种方法适用于批量生产。

图 5-60a 和图 5-60b 所示分别为用于铸造风电涡轮的模样和风电涡轮铸件。图 5-61 所示为铸造的大型轮船的码头护柱。图 5-62 所示为机床铸件。图 5-63 所示为铸造的汽车发动机缸体。

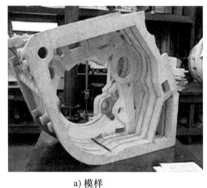

a) 模样

b) 风电涡轮铸件

图 5-60　模样和风电涡轮铸件

图 5-61　大型轮船的码头护柱

图 5-62　机床铸件

图 5-63　汽车发动机缸体

### 5.2.8 真空造型

#### 1.简介

这种工艺方法是将塑料薄膜覆盖在模样上并在砂箱中填满无添加剂的干砂（硅砂），抽真空后取出模样，砂子就会在真空状态下保持铸件空腔的形状。

#### 2.工艺过程（见图5-64）

1）将模样放在造型平台上。

2）将加热的薄膜吸附在模样上。

3）从造型平台底部抽真空。

4）在覆膜上刷涂料。

5）放上砂箱，填上无黏结剂的干砂。

6）振动获得高密度。

7）在铸型顶部覆盖薄膜。

8）砂箱抽真空，使砂子紧实。

9）从造型平台底部加压缩空气将模样从铸型中取出。

10）下芯，合箱（上、下箱都是抽真空状态）。

11）继续抽真空。

12）浇注，抽真空直到铸件完全凝固为止。

13）在合适的温度开箱。

真空铸型也适用于消失模批量生产小铸件。

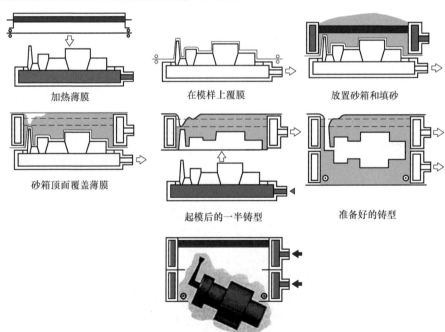

加热薄膜　　　在模样上覆膜　　　放置砂箱和填砂

砂箱顶面覆盖薄膜

起模后的一半铸型　　　准备好的铸型

图 5-64　真空造型工艺过程

### 3. 优点

1）最大的优点就是容易落砂，砂子可以重复使用且没有气体污染或废砂出现。

2）成本低，效率高，中等批量生产易于实现自动化。

3）可生产薄壁铸件。

4）金属与造型材料不发生反应，也没有气体缺陷。

5）尺寸精度高。

6）模样寿命长，且很容易修改，成本也很低。

7）表面粗糙度可达 125~150 μm。

8）可重复性高。

### 4. 缺点

1）需要使用双层模板，一层能通真空。

2）型芯无法用真空方法制作，只能用化学硬化砂（或其他材料）生产并下到铸型里，加热后型芯产生的气体比较难排出。

3）对于形状复杂的铸件不易铸造，唯一的解决办法就是使用更多的砂芯，但砂芯过多会导致气体夹杂缺陷。

4）不能使用暗冒口，因为暗冒口需要空气压力才会起作用，负压情况下不起作用。

5）设备投资比较大，尤其是生产大型铸件的设备。

6）大批量生产难实现自动化，不适合大批量生产。

### 5. 小结

1）特别适合铸造无芯铸件和薄壁铸件。

2）环境友好。

3）适合小、中等批量。

4）适用于所有铸件材料。

5）模样没有斜度或斜度很小。

要说明的是，真空造型不等于真空浇注！真空造型的铸型由砂子在真空状态下建成，金属液是在大气环境下浇注。真空浇注指金属在真空环境下浇注，无论铸型是什么状态。

## 5.2.9　永久型（金属型）铸造

### 1. 简介

金属型属于永久型，一个铸型可以生产很多铸件。金属型铸造是在重力下浇注，浇注前金属型要进行预热，以免铸型中的水气引起气体缺陷以及浇注时金属液的热冲击造成金属型破裂。

最好的金属型材料是灰铸铁和石墨。石墨型不是金属型，但可归到这一类型里，这种工艺方法非常适合批量生产。浇注冶金质量高的金属液产生的缩松缺陷很小。浇注铁合金铸件时，为了吸热且不使铸型温度太高，金属型壁厚要做得更大一些。但浇注温度较高的铁合金时，金属型还是容易破裂，致使铸型使用寿命缩短。很多时候尤其是在批

量生产时，金属型要采用水冷或散热片冷却措施。

金属型的涂料是铸型表面质量和寿命非常重要的保障。涂料是典型的耐火涂料，可以减少对金属型的热损坏，有助于铸件冷却速率的控制，且浇注后易于去除。典型的涂料有：①硅酸钠和黏土（适用于大型铸件，表面质量不太光滑）；②喷涂石墨（适用于小铸件，表面光滑）。

图 5-65 所示为大型铸件金属型浇注系统。图 5-66 所示为大圆柱体铸件的金属型。图 5-67 所示为小型铸件的金属型。图 5-68 所示为水平自动重力浇注铝合金的金属型。图 5-69 所示为金属型手工垂直浇注。

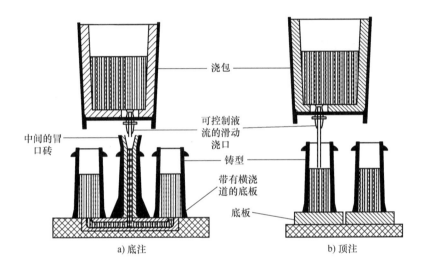

图 5-65　大型铸件金属型浇注系统

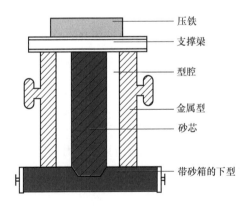

图 5-66　大圆柱体铸件的金属型

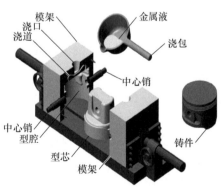

图 5-67　小型铸件的金属型

图 5-68　水平自动重力浇注铝合金的金属型

图 5-69　金属型手工垂直浇注

**2. 工艺过程**

1）垂直分型的金属型由两个加工而成的型腔组成，水平分型的金属型可以是一个整体。

2）在铸型内壁施涂耐火涂料，作为阻热和脱模剂，如图 5-70 所示。

3）按要求装配型芯（可以是砂芯、金属芯或陶瓷芯）。

4）将铸型预热到 125~175℃，去除水分，如图 5-71 所示。

5）合箱，如图 5-72 所示。

6）将金属液浇注到金属型内，如图 5-73 所示。

7）采用水道或散热片快速冷却铸型。

8）开箱后用顶杆将铸件从铸型内顶出或是压出、敲击取出。

9）去除直浇道，磨掉内浇道。

10）清理铸型，准备下一次浇注。

这种铸型即可以水平浇注，也可以垂直浇注，如图 5-74 和图 5-75 所示。

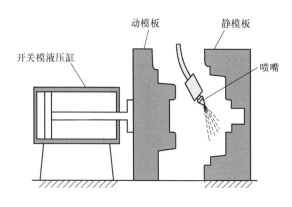

图 5-70　涂刷铸型

图 5-71　重力浇注铸型预热

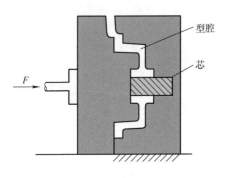

型腔

芯

F

图 5-72　合箱

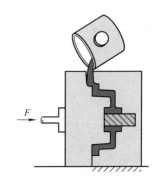

F

图 5-73　浇注

图 5-74　水平浇注的金属型

图 5-75　垂直浇注的金属型

**3. 优点**

1）铸件组织致密，力学性能高于砂型铸件。

2）尺寸精度较高，质量稳定性好，铸件出品率高。

3）铸型不用修理可以多次使用。

4）可以快速生产。

**4. 缺点**

1）金属型成本高，制造周期长。

2）特殊细节（凸台、复杂内腔）必须要用活块，不适合生产形状复杂的铸件。

3）浇注的金属类型受限（只适用于非铁合金、铸铁），铸型尺寸和形状受限。

**5. 小结**

1）不需要模样。

2）金属型可用铸铁、钢材制作，或用石墨或陶瓷制作。

3）铸型可以多次使用（取决于铸型材料和浇注金属）。

4）可浇注的材料主要是非铁合金，如铝、锌、镁、铜合金。

5）通常用于生产100kg以下的铸件，但是最大可以生产20t的铸铁件。

6）可以批量生产。

7）精度高。

图5-76所示为重力金属型铸件。图5-77所示为用金属型铸造的船舶柴油机缸套，

其重量为 8t。

图 5-76　重力金属型铸件　　　　　图 5-77　船舶柴油机缸套

## 5.2.10　3D 打印型（芯）

3D 打印技术对于制造复杂铸件有着非常多的优势。图 5-78 所示为 3D 打印砂型 /
芯工艺流程。图 5-79 所示为 3D 打印的砂型 / 芯。

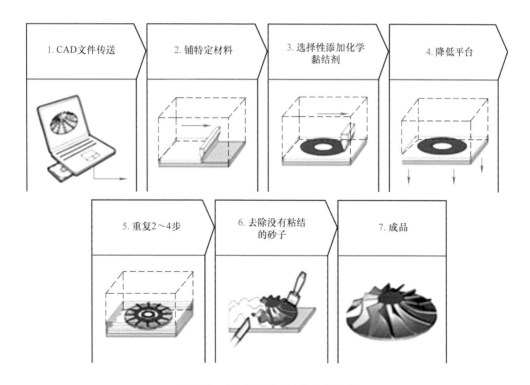

图 5-78　3D 打印砂型 / 芯工艺流程

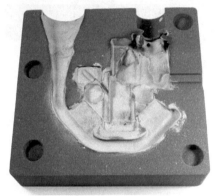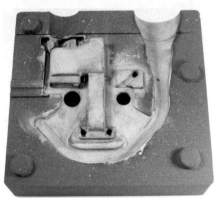

图 5-79　3D 打印的砂型 / 芯

1. 优点

1）复杂结构可以在一个型里打印形成，从而避免了飞边和尺寸偏差。劳动力成本低且有比较高的生产可控性。

2）尺寸非常精确。

3）较小的加工余量和起模斜度。

4）不需要模样。

2. 缺点

1）新技术应用经验少。

2）打印设备投资高。

3）需要使用特殊砂，砂的回收和再生难以与传统砂系统结合。

4）在批量化生产的情况下价格不会降低。

## 5.2.11　凝壳铸造

1. 简介

凝壳铸造有两种类型：传统铸造和双金属铸造。

（1）传统铸造　凝壳铸造是使用永久性铸型生产空壳铸件的方法。这种工艺方法是将金属液浇入铸型，金属液在铸型内凝固成一层壳后将剩余的金属液倒出，这样就形成一个空壳铸件。这种铸件有较好的表面，壁厚可以变化。这种方法适用于低熔点材料铸造观赏性产品，如烛台、灯基地和雕像等。这种铸造工艺结合离心铸造可不用型芯生产中空零件。这种工艺方法使用比实心铸件更少的材料，产品更轻，成本更低。

（2）双金属铸造　双金属铸造就是把两种金属熔铸或镶铸在一起的铸造方法。铸造时，外层的金属先浇入，凝固成一定厚度的壳后倒出未凝固的金属液，内层再浇入第二种金属液。图 5-80 所示为碎煤机用的双金属镶铸轧辊。这种工艺的优势是两种金属之间的结合非常牢固。工业上的应用主要是轴承，铁合金内侧结合青铜（或其他金属）起轴承作用。

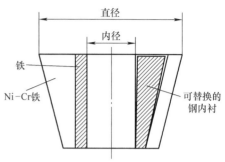

图 5-80　碎煤机用的双金属镶铸轧辊

2. 工艺

传统铸造的工艺如下：

1）用塑料或木材制成模样。

2）将模样放在模板上，放上砂箱。箱内多余的空间可放置隔板去除。

3）在模样上填充造型材料，可以放置一些造型骨料。铸型固化后将模样取出。

4）将金属浇入到铸型内形成所需的形状。

5）当金属在铸型内凝固一层后，倒出剩余金属液，形成空心的铸件。

如果铸件需要再厚一些，就再浇一次液态金属再倒出，直到壁厚达到要求为止。金属凝固后开箱取出铸件。采用这种工艺方法制造的每个铸件的内壁保留着金属熔融纹理，外表面光亮。

双金属铸造（多采用垂直离心铸造）的工艺如下：

1）预热铸型。

2）往铸型里浇入第一种金属液（浇入的量取决于所需厚度）。

3）等金属冷却凝固后浇入第二种金属液。

4）保持旋转，直到金属液完全凝固冷却到 900℃。

3. 优点

传统铸造的优点是：

1）不用型芯可以铸造出空心的铸件。

2）通过倒出剩余的熔融金属可获得所需壁厚的铸件。

3）可成型供装饰和观赏的各种各样精巧设计的铸件。

双金属铸造的优点是：

1）可实现两种金属的结合。

2）两种金属之间的结合牢固。

3）外层金属比内层金属使用量大。

4. 缺点

传统铸造的缺点是：

1）仅适合低熔点材料。

2）由于壁厚不可控，不适用于工业生产，除非铸件要求很低。

双金属铸造的缺点是：

1）需要两种金属熔炉。

2）对浇入第二种金属的时间比较敏感。

5. 应用

可以铸造装饰和观赏性铸件，如花瓶、碗、烛台（见图 5-81）、灯具、雕像、首饰和动物微缩模型等。

工业用的小零件和小部件，如空心水嘴（见图 5-82）和空心手柄等。

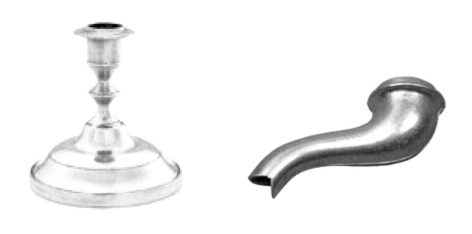

图 5-81　烛台　　　　　　　　　　　　图 5-82　空心水嘴

## 5.2.12　离心铸造

1. 简介

离心铸造工艺可应用于铸管、轧辊、缸体、缸套、轴套、压力容器、制动鼓、齿轮、链轮、飞轮以及其他各种轮套类铸件的生产，所用金属几乎包括所有可铸造的合金，铸型材料有金属、陶瓷或砂衬材料。离心铸造在铸型高速旋转（300~3000r/min）过程中进行浇注，浇入铸型的金属液在离心力的作用下充满铸型。成型的铸件在空气中冷却或从铸型外壁进行水冷却，因此冷却较快，铸件晶粒细小、组织致密。另外，较轻的非金属夹杂物分离偏析到铸件内壁一侧，可通过加工去除。由于外表面纯净致密，故离心铸造件具有较高的耐大气腐蚀性。

2. 类型

离心铸造分为卧式离心铸造（见图 5-83）和立式离心铸造（见图 5-84）。

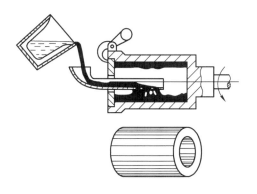
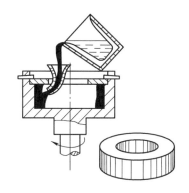

图 5-83 卧式离心铸造        图 5-84 立式离心铸造

图 5-85 所示为卧式离心铸造实景。图 5-86 所示为立式离心铸造实景。图 5-87 所示为立式离心铸造完成实景。图 5-88 所示为立式离心铸造冷却实景。

图 5-85 卧式离心铸造

图 5-86 立式离心铸造

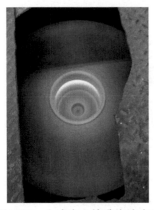

图 5-87　立式离心铸造浇注完成

图 5-88　立式离心铸造冷却

离心铸造还可根据离心设备，尤其是旋转装置分为：

1）传统的离心铸造。其铸型较长沿水平轴旋转，可以生产轴对称长轴类铸件，如无缝管件。

2）半离心铸造，如图 5-89 所示。这种技术可用于生产大径向尺寸轴对称类零件，如有辐条的轮盘。

3）离心加压铸造，如图 5-90 所示。铸型与旋转轴之间有一定距离，这样浇注的金属液进入铸型后会产生更大的离心力，使得铸型完全充满。为了提高铸件的性能，可以增加铸型与旋转轴之间的距离。图 5-91 所示为离心加压铸造生产的铸件。

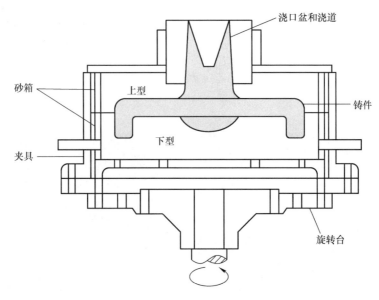

图 5-89　半离心铸造示意图

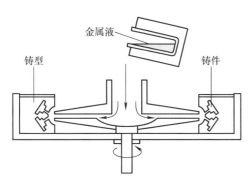

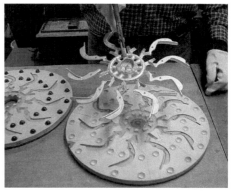

图 5-90　离心加压铸造示意图　　　　图 5-91　离心加压铸造生产的铸件

3. 生产过程

1）制作铸型。

2）铸型刷涂耐火涂料。

3）在铸型旋转时浇入金属液。

4）浇入的金属在离心力作用下分布在铸型壁上。

5）在冷却过程中密度较轻的夹杂物会浮向轴向中心。

6）铸件凝固后，取出、清理加工。

4. 特点

1）不需要模样。

2）适用于所有可铸造金属。

3）铸型材料有限制，铸铁、钢或陶瓷铸型可以重复使用。

4）铸件致密度高，尺寸精度相对较高。铸件内表面有夹渣问题，一般要进行加工去除。

5）可批量生产。

6）特别适合圆筒类、管类和环类铸件的生产。

5. 优点

1）铸件致密、性能均匀，气孔、非金属夹渣少。

2）型芯很少，无分型面，生产废弃物少，利于环保。

3）生产成本低，几乎没有直浇道或内浇道，铸件出品率高，清理成本低。

4）铸件尺寸的直径为 80~2600mm，长度可达几米。

5）废品率低。

6. 缺点

1）需要旋转铸型的设备，铸型投资高。

2）铸件的内侧有夹杂物，通常需要加工去除且加工不容易。

3）只能生产外形简单、具有旋转轴线的铸件，应用面窄。

7. 应用

离心铸造生产的产品如图 5-92~图 5-94 所示。

图 5-92 多级卧式离心设备浇注的气缸套

图 5-93 汽车发动机的气缸套

图 5-94 球形阀门

## 5.2.13 连续铸造

连续铸造是将金属液（钢、铸铁、铝、锌和铜等）连续注入带有特制水冷装置的石墨或金属铸型中，金属液通过铸型快速冷却形成铸件，不断地从铸型另一端拉出。这种工艺方法采用的开放式铸型具有所需铸件的断面形状，可以生产规定长度的圆形、椭圆形、方形或其他断面形状的铸件产品。图 5-95 所示为各种连铸工艺示意图。

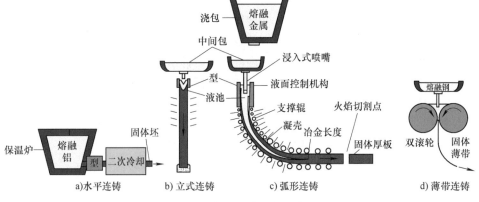

图 5-95 各种连铸工艺示意图

连续铸造的工艺特点有以下几点：

1）无模样。

2）铸型材料为有涂层铸铁、钢或石墨。

3）连续浇注，每次浇注重量可达数十吨。

4）可生产的材料有铸铁、钢和非铁合金。

5）可单件生产或批量生产。

6）相对较小的尺寸精度，铸件表面光滑。

7）适用于生产管件、棒件或断面不变的铸件。

熔体急冷工艺是一种特殊类型，用来生产连续的非晶态条带，如图 5-96 所示。

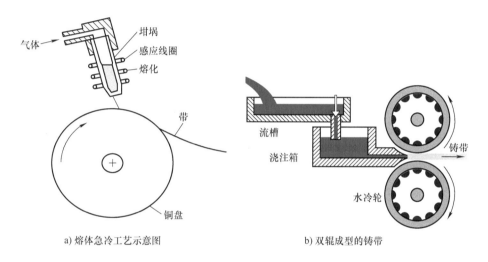

a) 熔体急冷工艺示意图　　　　　　　b) 双辊成型的铸带

图 5-96　熔体急冷工艺

## 5.2.14　压力铸造

### 1. 简介

压力铸造是将熔融金属在高压作用下以高速填充压铸型的型腔，并在压力下快速凝固而形成铸件的方法。压力铸造铸型是连续冷却的，金属凝固结束后，用顶出装置将铸件推出铸型，完成一个压铸循环。压力铸造与普通的永久型铸造不同的是金属液在压力下填入铸型并在压力下凝固。

压力铸造非常适合大批量生产低熔点的非铁合金铸件，尤其是生产的锌、铜、铝基合金压铸件具有优良的性能，使得该工艺得到广泛应用。

选择合适的金属型和充型压力，可获得致密、光滑和完美细节的铸件。压铸型采用高硬度的工具钢制作，需要配备起模装置，成本较高。

压铸设备（见图 5-97）分为热室压铸机和冷室压铸机。

图 5-97 压铸设备

热室压铸机可直接将坩埚中的熔融金属压入铸型，如图 5-98a 所示。其特点如下：

1）适合低温锌合金。

2）比冷室压铸机快。

3）生产节拍要短，以减小金属污染。

4）金属在坩埚内加热。

5）活塞将金属压入铸型。

6）活塞收缩，液池的金属进入铸型。

冷室压铸机可将金属液浇入压铸机冷压室，如图 5-98b 所示。其特点如下：

1）可铸造高熔点金属（>600℃）。

2）压力高。

3）金属在单独的坩埚里加热。

4）金属是用浇包浇入冷压室。

5）金属在冷却前快速地压入铸型。

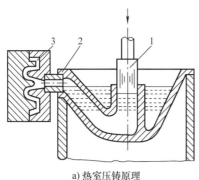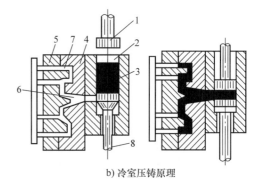

a) 热室压铸原理

1—活塞　2—压铸机料壶　3—型腔

b) 冷室压铸原理

1—压铸机中头　2—压室　3—金属液　4—定模
5—动模　6—浇口道孔　7—型腔　8—反料活塞

图 5-98 压力铸造原理图

金属型是压力铸造技术的重要组成部分，其具有以下特点：

1）能承受高压。

2）由于温度波动非常大，使其寿命缩短。

3）通常用碳钢或特殊合金制作。

4）一个铸型可以有多个型腔。

2. 生产过程

1）将永久性铸型组合。

2）将熔融金属在小于 700MPa（通常为 14~35MPa）的压力下通过横浇道和内浇道注入。

3）气体通过溢流槽和排气道排出，金属液填充铸型。

4）激冷铸型，使注入的金属液冷却。

5）开型，顶出铸件。

6）去除铸件上的浇注系统。

图 5-99 和图 5-100 所示分别为热室压力铸造和冷室压力铸造示意图。

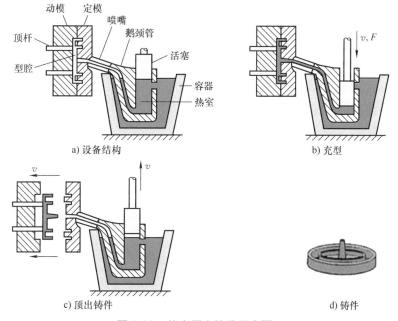

图 5-99　热室压力铸造示意图

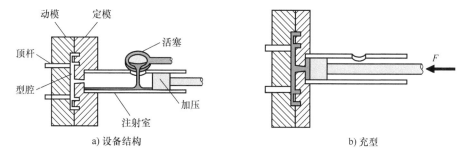

图 5-100　冷室压力铸造示意图

**3. 工艺特点**

1）没有模样，金属型可多次使用。

2）生产效率高，可批量生产。

3）适用于所有非铁合金，如锌、铝、镁、铜、铅和锡合金。

4）压铸件重量：

锌合金：小于 20kg；

铝合金：小于 15kg；

镁合金：小于 12kg；

铜合金：小于 5kg。

5）产品质量好。

6）铸件通常不需要加工。

**4. 优点**

1）可生产结构复杂的铸件，还可生产薄壁件。

2）生产周期短。

3）可以镶铸。

4）铸件清理量最小。

5）铸件尺寸精度高，表面清晰、光滑，表面质量高。

**5. 缺点**

1）压铸设备投资高，金属型成本高。

2）铸型生产周期长，生产准备时间长。

3）有缩松缺陷。

4）不适合大件生产。

5）浇注的金属熔点要低于铸型的熔点。

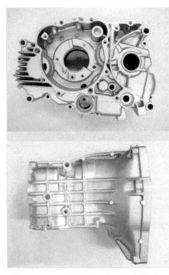

图 5-101　照相机壳（镁合金）

6. 应用

图 5-101~ 图 5-103 所示为使用压力铸造方法生产的铸件。

图 5-102　摩托车和三轮车零件　　　　　　图 5-103　汽车轮盖

## 5.2.15　挤压铸造

挤压铸造（也称为液态模锻）是对进入挤压铸型的金属液施加较高的机械压力，使其凝固成型而获得铸件的一种铸造工艺方法。

1. 工艺过程（见图 5-104）

1）加热金属使其熔化，准备铸型。

2）将金属液注入预热的金属型中。

3）合型加压，挤压铸造机冲头与凹型组成封闭空腔，冲头直接挤压金属。

4）当铸件凝固时通过冲头给铸件施加压力，压力一直维持到整个铸件全部凝固。

5）开型，冲头缩回，顶杆顶出铸件。

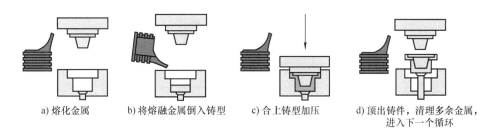

a) 熔化金属　　　b) 将熔融金属倒入铸型　　　c) 合上铸型加压　　　d) 顶出铸件，清理多余金属，
进入下一个循环

图 5-104　挤压铸造工艺过程

2. 工艺特点

1）挤压铸造对充型金属施加较高的压力，且金属与铸型接触形成较快的热传递状态，使得铸件组织致密、晶粒细化，有利于防止气孔、缩松等缺陷产生，力学性能接近锻件水平。

2）挤压铸造工艺比较容易实现自动化，生产近终形高质量的零部件。

3）铸件出品率高，可生产多种铸造合金。

4）结构复杂铸件生产困难。

3. 应用范围

挤压铸造已经成功地应用于各种铁合金和非铁合金，包括铝合金发动机活塞、缸体、缸头，汽车轮毂，盘式制动器，铜合金轴套，齿轮，导弹部件和迫击炮弹壳等。

### 5.2.16 半固态金属挤压铸造

这是一种将处于固-液态金属置于铸型中进行挤压铸造的新型工艺。这种工艺可以生产高质量的不需要后续处理的近净形零件，目前已应用于铝合金汽车轮毂、制动体、转向及传动零件、活塞、离合器片等。

工艺过程如下：

1）将金属加热到具有触变性（搅拌黏度降低时）。

2）充型，将半固态的金属浇入到铸型里。

3）加压，使金属凝固成型。

4）开型，取出铸件。

### 5.2.17 单晶铸造

单晶铸造的工艺过程如下：

1）准备一个铸型，使其一端为加热炉，另一端冷却。

2）将金属注入铸型。

3）凝固将从冷却端开始，晶体将朝着长的树枝状晶体的加热端方向生长。

4）取出固化件。

图5-105所示为单晶铸造示意图。图5-106所示为单晶浇注类型。

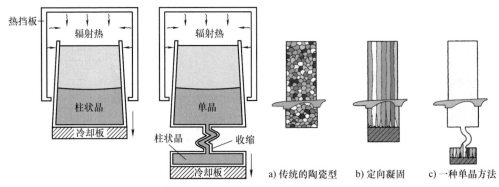

图5-105　单晶铸造　　　　　　　　　　图5-106　单晶浇注类型

由单晶制成的部件具有抗蠕变和抗热冲击性能，无晶界提高了力学性能，减少了沿晶界易受蠕变和开裂的敏感性。

结晶分为两种类型：

1）定向凝固。在这种情况下，树枝状晶体从冷却板向另一端生长。

2）单晶。使用螺旋结构，使得在叶片中仅形成单晶而不是平行的枝晶。

## 5.2.18　粉末冶金

### 1. 简介

粉末冶金是将具有一定特性和尺寸的粉末经过成形和烧结，转化成具有一定强度、高性能制品的工艺技术。粉末冶金可有效地实现自动化操作，能耗相对较低，材料利用率高，成本低。粉末冶金的最重要的益处是以最经济的方式生产出质量高、结构复杂和近净形的制品。这些特点使得粉末冶金能符合当前生产关注的高效、节能和节约原材料的趋势，因此该技术可取代一些传统的锻压操作。另外，粉末冶金是一种灵活的加工工艺，可提供范围广泛的新材料、微观结构和属性，如耐磨复合材料。

### 2. 粉末冶金工艺

粉末冶金工艺包括混合、压制和烧结 3 个步骤。

（1）混合　这个步骤可获得所生产产品的均匀性，即通过混合基体粉末和合金粉末获得均匀的混合物。润滑剂混合在粉末中可以减小铸型表面和粉末在压实过程中的摩擦力。混合时间取决于制品的需要，不能过度混合，否则会减小粉末颗粒且造成硬化。

（2）压制　在型腔里填满一定量的混合粉末，压制成型。压制在室温下进行，压力大小取决于材料、粉末的性能和压制密度。粉末和型壁之间的摩擦力与施加的压力相反，造成压力随深度的增加而降低和压实密度不均匀，因此长度与直径比要适宜。

（3）烧结　烧结过程中的变化包括尺寸变化、轮廓变化和孔的特性变化。通常烧结的气体有氢气、一氧化碳和氨气。烧结可以使得粉末强烈结合，以获得较好的合金。

图 5-107 所示为粉末冶金工艺。图 5-108 所示为用于将粉末加热加压、烧结成型的热等静压设备。图 5-109 所示为离心粉末冶金生产实景。粉末烧结条件见表 5-1。

其中，可选的制造步骤包括：①再压制；②再烧结；③锻造；④再结晶；⑤熔浸。

可选的处理步骤包括：①热处理；②蒸汽处理；③滚筒抛光；④电镀；⑤加工。

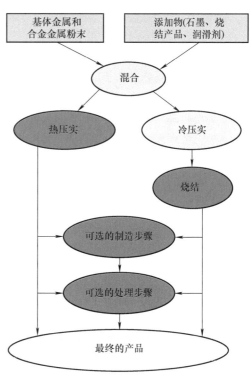

图 5-107　粉末冶金工艺

表 5-1  粉末烧结条件

| 粉末品种 | 烧结温度 /℃ | 烧结时间 /s |
|---|---|---|
| 黄铜 | 850~900 | 10~45 |
| 青铜 | 750~880 | 10~20 |
| 铜 | 850~900 | 10~45 |
| 铁 | 1000~1150 | 10~45 |
| 镍 | 1000~1150 | 30~45 |
| 不锈钢 | 1100~1300 | 30~60 |
| 钨 | 2350 | 480 |
| 碳化物 | 1420~1500 | 20~30 |

图 5-108  热等静压设备

图 5-109  离心粉末冶金生产实景

3. 优点

1）能消除或减少加工。

2）生产率高。

3）出品率高。

4）可生产复杂形状的制品。

5）材料范围广。

6）材料的力学、物理性能变化范围大。

7）废品少。

8）非常高的精度和一致性。

4. 缺点

1）与铸件和锻件相比强度低。

2）投资大。

3）模样成本高。

4）原材料成本高。

5）尺寸受限。

6）控制密度困难。

5. 应用

几乎所有的金属都能应用粉末冶金工艺。粉末冶金制品常见的应用有硬质合金切削工具、重型货车制动片、变压器磁心、减磨轴承和灯泡灯丝等。粉末冶金在各类应用中的占比如图 5-110 所示。图 5-111 所示为粉末冶金制品。

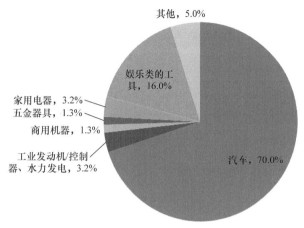

图 5-110　粉末冶金在各类应用中的占比

图 5-111　粉末冶金制品

## 5.3　铸型

　　铸型和型芯的制作是铸造生产的重要工序。造型制芯的工作量大小取决于铸型类型和设计方案，形状复杂的铸型的生产周期会较长。

　　使用型芯，可以避免形成铸型外侧的斜度，减少外模的活料，但是要尽可能少用，因为每个型芯都需要对应制作一个芯盒，会增加制芯、型芯储存和下芯时间，增加制造成本。在可以减少后续工序（如造型、清理、铲磨、加工等）生产工作量，提高产品质量的情况下可优先使用型芯，否则应尽量避免使用型芯。图 5-112 所示为型芯的设计。

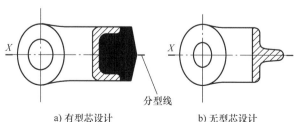

a) 有型芯设计　　　　　　　b) 无型芯设计

图 5-112　型芯的设计

　　铸件必须去除多余的材料（如冒口、浇注系统、拉筋、飞边、补贴等）以及氧化物夹渣、夹砂、粘砂等，对铸件表面进行打磨。这些工作很大程度上取决于铸型和砂芯的设计和制作。造型和制芯不良会增加铲磨和清理的工作量，并造成很大的成本浪费。因此，选择合理的造型、制芯、下芯（见图 5-113）和合箱方案非常重要。图 5-114～图5-116 所示为几种型芯的实际应用。

图 5-113　下芯　　　　　　　　　　　　图 5-114　组型芯

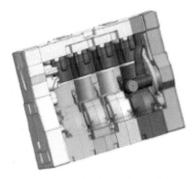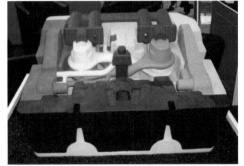

图 5-115　发动机机体组型芯　　　　图 5-116　进气缸体组型芯

　　造型合箱时，需要对铸型进行翻转，对于大型铸型、无箱铸型以及异形铸型，翻转铸型需采用翻转装置或翻箱机，如图 5-117～图 5-120 所示。

图 5-117　手工造型的铸型翻转装置　　　图 5-118　批量生产的铸型翻转

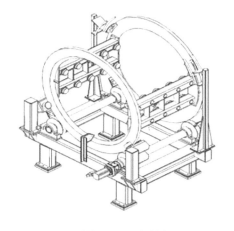

图 5-119　翻箱机

图 5-120　大型翻箱机

## 5.4 制芯

### 5.4.1　简介

作为铸型的一部分，型芯主要用来形成铸件内腔，也可与铸型组合形成铸件的外形，如图 5-121 所示。

图 5-121　型芯

型芯要满足如下要求：①具有耐高温性、耐蚀性、浇注后退让性、加热后透气性；②能够使铸件表面光滑；③在存储过程中能保持物理性能；④冷却后易去除。

有时为了满足保证最小壁厚的要求，需要用芯撑来保证型芯处于正确的位置。因为型芯在充型和充型后一直受到浮力，直到金属凝固，因此为了避免其变形或移动，需要使用芯撑来固定型芯，如图 5-122 所示。

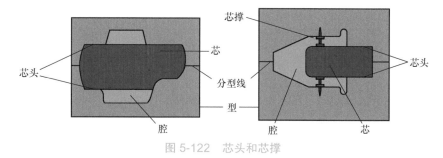

图 5-122　芯头和芯撑

### 5.4.2 型芯类型

型芯可以用与铸型相同或近似的材料制作，如化学硬化砂等。

**1. 油砂**

过去使用砂与油的混合物烘烤干燥后制作砂芯，所制作的砂芯表面相对光滑。但由于该方法有烟气扩散和气味，不符合环保要求，因此这种方法已经不再使用。

**2. 化学硬化砂自硬砂**

与造型化学硬化砂相似，重要的是芯砂需要一定的时间硬化，主要用于大型和复杂的型芯制作，表面不够光滑。

**3. 化学硬化砂气体硬化及物理硬化**

最早代替黏土砂、油砂的化学硬化砂是 $CO_2$ 硬化水玻璃砂。这种方法最大的问题是由于型芯吸湿，使得其保存性差，加上溃散性差，现在已逐渐被其他方法替代。

冷芯盒法制芯是在芯盒不加热的情况下，将芯砂射入芯盒中，然后吹入气体（$CO_2$ 法、$SO_2$ 法、三乙胺法）使型芯立即硬化。该方法制作的型芯很快就能使用，且型芯尺寸精度高。冷芯盒法制芯，在批量、大批量生产中小型或复杂砂芯时都可采用。该方法产生的有些气体有毒，因此废气在收集和净化前不允许排到车间外面。

热芯盒法制芯是用热固性树脂和催化剂配成芯砂，射入加热到一定温度的芯盒里，待砂芯硬化后取出，即可得到表面光洁、尺寸精度好、强度高的砂芯。该方法生产率高，但耗能高，制芯时会产生刺鼻的气味。

图 5-123 和图 5-124 所示分别为适用于大砂芯和小砂芯生产的射芯机。图 5-125 所示为冷芯盒射芯机的气体清洁设备。

图 5-123　适用于大砂芯生产的射芯机

图 5-124　适用于小砂芯生产的非自动化射芯机

图 5-125　冷芯盒射芯机的气体清洁设备

### 4. 壳芯

使用树脂覆膜砂吹入加热的芯盒中后保持一定的结壳时间，待形成适当的薄壳后，把多余的芯砂倒出，即可形成中空的薄壳砂芯。图 5-126 所示为壳芯制作设备。图 5-127 所示为壳芯法生产的壳芯。

图 5-126　壳芯制作设备

图 5-127　壳芯法生产的壳芯

### 5. 3D 打印砂芯

利用 3D 打印技术，可实现各种复杂结构砂芯的一次性高精度打印。图 5-128 所示为 3D 打印的砂芯和铸件。

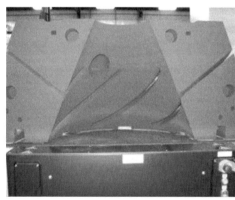

a) 3D打印砂芯

b) 铸件

图 5-128　3D 打印的砂芯和铸件

## 5.5 造型材料

造型材料是指用来制造铸型（芯）的材料，如制造砂型所用的型砂、涂料等。值得注意的是涂料，因为几乎所有的铸型都需要涂覆涂料来防止造型材料与铸件材料发生反应，并确保铸件能够顺利取出，表面洁净。

### 5.5.1 造型用砂

#### 1. 原砂类型

铸造厂使用的原砂类型有：

1）硅砂（$SiO_2$ 石英砂）是最常用的也是最便宜的原砂。

2）锆砂（$ZrSiO_4$）。具有低的热膨胀率。

3）镁橄榄石砂（$Mg_2SiO_4$）。具有低的热膨胀率。

4）硅酸铁砂（$Fe_2SiO_4$）。具有低的热膨胀率。

5）铬矿砂（$FeCr_2O_4$）。具有高的热传导性。

此外，还有合成陶瓷砂，颗粒呈圆形，耐火度高，热膨胀率接近于 0。

表 5-2 列出了常用砂的特性。

表 5-2　常用砂的特性

| 特性 | 铬铁矿砂 | 橄榄石砂 | 石英砂 | 耐火熟料 | 锆英石 |
|---|---|---|---|---|---|
| 密度 /（g/cm³） | 4.4~4.6 | 3.25~3.40 | 2.65 | 2.5~2.7 | 4.6~4.7 |
| 实密度 /（g/cm³） | 2.9~3.1 | 2.05 | 1.5~2.0 | 1.44~1.76 | 3.0 |
| 熔点 /℃ | 2180 | 1760~1890 | 1723 | 1700~1750 | 1900~1950 |
| 蓄热能力 /[kJ/(kg·K)] | 0.20 | 0.22~0.33 | 0.27 | 0.25 | 0.13 |
| 热导率（0~1200℃）/[W/(m·K)] | 1.65 | 1.1 | 1.4 | 1.0 | 2.8 |
| 线胀系数（0~1000℃）/K⁻¹ | 0.019 | 0.031 | 0.065 | 0.016 | 0.0013 |

#### 2. 型砂类型

型砂由原砂添加黏结材料和其他辅助材料配制而成。可根据铸型类型及其所需的强度、耐热性和冷却能力来选择配制型砂的造型材料。型砂分类如下：

1）有箱湿型砂。

2）有箱化学黏结砂。

3）无箱化学黏结砂。

4）无箱湿型砂（用于高压造型工艺）。

#### 3. 型砂强度及其他特性

化学硬化砂的强度主要取决于加入到砂中的化学物的类型和加入量。

型砂试块的抗压强度为 1500~4000kPa。传统的抗压强度检测装置如图 5-129 所示。通用的型砂强度仪如图 5-130 所示。检测型砂时需优先检测抗压强度，因为压力是浇注过程中铸型受到的主要应力。抗拉强度也是常见的检测项目，但其不能很好地反应型芯状况。抗弯强度只与位于铸型内水平方向的小型芯有关（充型的金属会使型芯有弯曲的倾向）。

型砂的以下特性既会影响铸型强度，也会影响铸件的表面状况：

1）形状：用"角形系数"表示。小而圆的砂子生产的铸件表面质量较好。图 5-131 所示为砂粒形状分类图。

2）粒度：粗砂粒会产生更多孔隙，在浇注过程中气体容易排出，而细砂粒可使铸型强度更大。

3）溃散性：在铸件凝固过程中型砂会发生转变（分解或降低强度）。这是型砂系统（砂＋黏结剂＋催化剂）的一种特性。

图 5-129 传统的抗压强度检测装置

图 5-130 通用的型砂强度仪

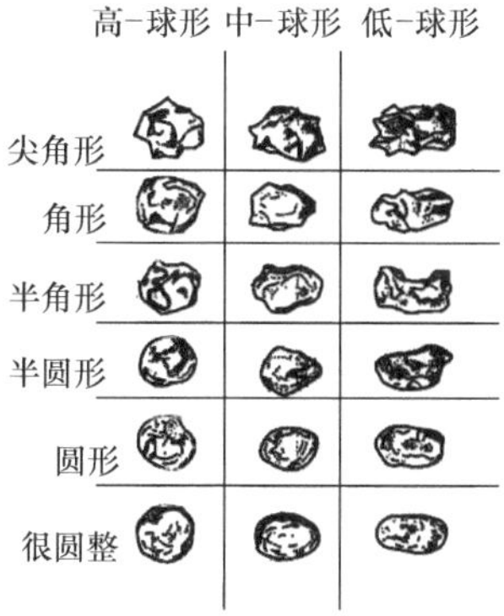

高-球形 中-球形 低-球形

尖角形
角形
半角形
半圆形
圆形
很圆整

图 5-131 砂粒形状分类图

湿型砂的强度主要由其紧实程度来决定。水分在正常范围内可以增加砂子的黏结性，但是超标的水分会在浇注过程中膨胀而造成爆炸。湿型砂铸造是一种成本最低的造型方法。

图 5-132 和图 5-133 所示的仪器可以对铸型的强度和硬度进行无损检测。锥头仪可预设强度，检测时能判断铸型强度是否高于预设值。钟表式的铸型硬度检测仪可直接读出铸型硬度值。

图 5-132 预设强度的锥头仪

图 5-133 铸型硬度检测仪

铸造用砂的主要特性是：

1）在金属浇注温度下能保持固态的耐火度。

2）化学添加物具有相对金属的化学惰性。

3）具有一定的黏结性（反应黏结能力）。

4）价格便宜。

5）回收性高。

6）具有良好的粒度稳定性，容易紧实。

### 4. 砂再生

湿型砂可连续再生旧砂（使用过的旧砂要在磨碎后加入新的硅砂、膨润土和水）。旧砂再生的比例取决于混砂控制系统。湿型砂是采用清洗和干燥法而不是热法再生，再生率可达 98%~99%。

化学硬化砂回收少，但随着新砂成本和废砂处理成本的增高，砂再生的愿望在增大。

1）清洗并干燥砂子（适用于树脂黏结砂、水玻璃砂等）。

2）机械法回收是通过摩擦去除化学反应物质及一部分松散砂粒。由于实际上不是所有的有机物都能去除，砂子的灼减量会增大，所以再使用时必须要混合新砂。新砂的增加量为 5%~15%，这个加入量由化学物质加入量、浇注的材料、砂铁比等确定。机械法再生率为 85%~95%。

3）热法回收旧砂是最有效的但也是成本最高的方法。将使用过的砂子加热到 750℃，即可将所有的有机物都燃烧掉，砂子冷却后同新砂一样。新砂加入量为 1%~2%，只需补充回收过程中失去的灰尘量。热法再生率可以达到 99%。

真空造型用砂不用添加物，简单除尘后就能再使用。灰尘里包含细小的砂粒和涂料，灰尘量不超过 1%。不能回收的部分就要废弃。

### 5. 铸型类型

铸型可以分为有箱铸型（见图 5-134 和图 5-135）和无箱铸型（见图 5-136 和图 5-137）。

有箱铸型包括铸铁或钢制砂箱，通常用于大型铸型。有箱铸型可以保证铸型在生产和转运过程中不会变形、损坏。

真空造型用砂箱上必须要有给造型材料抽真空的连接装置。

无箱铸型的特点是没有四周支撑的砂箱。垂直铸型属于无箱类型。

图 5-134　砂箱铸型

图 5-135　浇注砂箱铸型

图 5-136　大型无箱铸型

图 5-137　无箱铸型

## 5.5.2　陶瓷

陶瓷具有耐热性，用陶瓷制造的铸型非常坚固，可用于铸造熔点很高的材料，而且用陶瓷型铸造的，铸件的尺寸精度高，表面光滑，因此可以大大减少加工量。另外，陶瓷不易与金属材料发生反应，所以陶瓷型非常适合铸造金属合金。

壳型铸造技术以它的尺寸稳定性而著名，已应用在很多近净形工艺中，如航天等行业的熔融金属铸造。

## 5.5.3　石膏

石膏是一种非常牢固（与砂型相比）、耐低温的造型材料，通常用来制造大型铸型（主要用于船舶螺旋桨）和铸造非铁合金的铸型。

## 5.5.4　金属

金属型适用于成型大体积铸件，尤其是非铁合金（也可以是铸铁和铸钢）。金属型材料大多是灰铸铁，铸件的形状简单，没有或有很少的型芯。

金属型价格高，因此应注意维护以保证其有较长的使用寿命。

图 5-138~ 图 5-142 所示为几种应用于不同场合的金属型。

图 5-138　铝合金重力铸造用金属型

图 5-139　预热重力铸造用金属型

图 5-140　小批量生产气缸套用金属型

图 5-141　高压压铸金属型

图 5-142　重力铸造金属型

## 5.5.5　涂料

几乎所有的铸型都需要用到涂料。涂料的作用主要有以下几点：

1）避免金属与铸型（主要是砂型）发生反应。

2）避免型/芯产生的气体浸入到铸件。

3）使铸件表面光滑，尤其是使用砂型成型的铸件。

4）使铸件易于从铸型（金属型）里取出。

涂料的选用根据铸型材料和铸件材料的不同而不同，因为涂料与这两者都是要接触的。

根据铸型材料选择涂料：

1）硅砂、锆砂、镁砂、石墨和橄榄基涂料取决于型砂和黏结剂和铸件金属（如高锰钢需要镁涂料，钢需要锆或镁涂料等）。涂料载体可以是水、醇或其他材料。

2）金属大多采用石墨基涂料。

3）湿砂大多不需要涂层。

4）石膏型不需要涂层或用硅基涂料。

根据金属类型选择涂料：

1）灰铸铁通常用石墨基涂料。

2）铸钢通常用锆基或镁基涂料。

3）高合金铸铁和钢可以用锆基、镁基、橄榄石基涂料。

4）非铁合金通常用硅基涂料。

消失模铸造需要的涂料是透气性涂料，其可使泡沫塑料模样产生的气体通过。常规的涂料没有这个特性。

无论什么类型的涂料，只有使用正确才能有效。涂料的施涂方法有以下几种：

1）用刷子刷涂。

2）淋涂，即涂料自上而下从型腔表面流过，如图 5-143 所示。

3）浸涂，通常用于型芯施涂，如图 5-144 所示。

4）用喷枪喷涂。

图 5-143　淋涂

图 5-144　浸涂

涂层的厚度取决于波美度和施涂层数。涂层太薄则不能阻止金属液与铸型材料发生反应，涂层太后则容易剥落并进入到金属液里。涂层厚度的检测用波美比重计或 Fortcup 检测设备（见图 5-145）。Fortcup 检测如图 5-146 所示。

Fortcup 方法测量的是一杯涂料滴完后所需要的时间。波美比重计测量的是其浸入到涂料的深度，如图 5-147 所示。实际上，铸型（芯）上的涂层也是可以测量的，在涂层干燥之前，用图 5-148 所示的工具即可测量。

图 5-145　Fortcup 检测设备

图 5-146　Fortcup 检测

图 5-147 波美度检测

图 5-148 涂料层厚度检测

## 5.6 总结

不同造型系统的对比见表 5-3。

表 5-3 不同造型系统的对比

| 特性 | 化学黏结砂 | 湿砂 | 永久性铸型 | 金属型 | 壳型 | 冷芯盒 | 陶瓷型 |
|---|---|---|---|---|---|---|---|
| 重量 /kg | 无限制 | 1~3000 | 100 | 30 | 250 | | 100 |
| 最小壁厚 /mm | 3~6 | 4~6 | 3 | <1.0 | 2,5 | 3 | 1.5 |
| 表面质量 | 最差 | 较差 | 好 | 很好 | 非常好 | 好 | 很好 |
| 尺寸精度 | 好 | 最差 | 很好 | 最好 | 好 | 较好 | 最好 |
| 复杂性 | 中/高 | 中 | 低 | 低/中 | 低/中 | 中 | 高 |
| 材料 | 所有 | 所有 | 铁/非铁 | 非铁 | 所有 | 所有 | 所有 |
| 材料特性 | 常规 | 常规 | 很好 | 很好 | 好 | 常规 | 好 |
| 设备投资 | 低 | 中 | 很高 | 很高 | 很高 | | 非常贵 |
| 推荐应用 | 小批量生产 | 小到大批量生产 | 大批量、形状简单，推荐低熔点金属铸件 | 简单和复杂形状的铸件均可，批量生产 | 大批量生产，推荐薄壁铸件 | | 复杂铸件 |

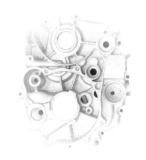

# 第6章

# 熔炼与浇注

## 6.1 熔炼

### 6.1.1 简介

熔炼方法的选择很大程度取决于所需浇注的金属，这是因为：

1）金属与炉衬之间可能发生反应，产生熔渣。

2）不同的金属材料、铸件形状和铸型材料，需要不同的浇注温度。

3）熔炼和过热所需的能量。

4）熔炼效率。

选择铸造熔炼方法，必须全面考虑环境影响、能源成本、元素损失、污染和废弃物排放等，这极大地限制了一些特定熔炼方法（如冲天炉）的应用，使得铸造厂不得不选择一些相对昂贵的熔炼系统而放弃相对便宜的熔炼方法。

### 6.1.2 熔炼方法

根据所使用的熔炼设备，大致可以分为以下几种熔炼方法。

1）无芯感应炉（坩埚式感应炉）熔炼：利用磁场在整个炉中产生的涡流熔化金属材料。

2）有芯感应炉（沟槽式感应炉）熔炼：利用磁场在炉内产生小断面的涡流熔化金属材料。

3）电弧炉熔炼：利用石墨电极与金属炉料之间形成的高温电弧加热和熔化金属材料。

4）燃气/燃油回转炉熔炼：利用燃气或燃油与空气（氧气）燃烧加热和熔化转炉内的金属材料。

5）燃气（油、焦炭）燃料坩埚炉或反射炉熔炼：利用燃气（油、焦炭）与空气燃烧加热在密封燃炉内的坩埚，以熔化金属材料。

6）冲天炉熔炼：冲天炉是一种具有耐火衬的直筒状熔炼炉，炉料（金属料、焦炭及熔剂）分层加入到炉内底焦上，从炉膛风口吹进炉内的空气与底焦发生燃烧反应，产生热量使底焦上方的金属炉料加热、熔化为液态。底焦燃烧和金属炉料熔化使炉内炉料逐层下降，一层炉料熔化后，下一层炉料予以补充，熔炼如此循环连续进行。液态金属聚集在底部，通常按批次出炉。

1. 无芯（坩埚式）感应炉熔炼（见图 6-1 和图 6-2）

这是最灵活的熔炼设备，按电源频率，可分为工频、中频和高频三类感应炉。

1）工频（50Hz）感应炉：适合连续熔化，主要用于铸铁熔炼，容量可达 1~60t。

2）中频（150~10000Hz）感应炉：适合于各种可熔金属的快速、批量熔炼，容量可达 0.5~15t。

3）高频（>10000Hz）感应炉：适合高合金钢和强氧化金属的熔炼，适用于实验室科学研究、材料开发，容量主要为 10~1000kg。

无芯感应炉熔炼效率相对较高，适用于熔炼所有类型的金属；熔炼成本比冲天炉和转炉高，熔炼时需要较多纯净的原材料，这些会增加熔炼成本；无芯感应炉的炉渣、粉尘排放低，有利于环境保护。

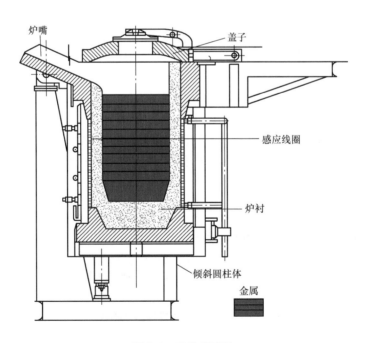

图 6-1  无芯感应炉

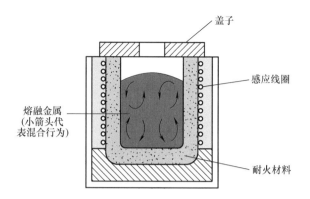

图 6-2　无芯感应炉剖面图

在感应炉中增加一个真空设施（氩气或氧气保护系统），则可高质量地熔炼特种钢、特种合金（高氧化合金、高温合金、耐蚀合金等）；同时，浇注通常也是在真空下进行，如图 6-3 所示。

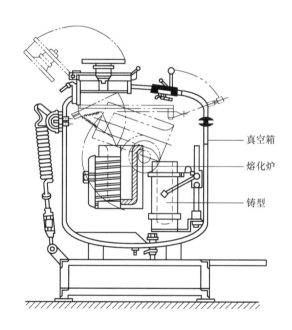

图 6-3　真空无芯感应炉

此外，还有一种真空吸铸工艺，即利用真空直接将金属液从熔炉内吸到炉子顶部的铸型内。

1）以氨基甲酸乙酯＋氨气为黏结剂制作的砂铸型。

2）将铸型安装在活动的压头上，将装有铸型的压头浸入到感应炉的熔融金属内。

3）对铸型空腔抽真空，金属液会自动充满铸型，如图 6-4 所示。

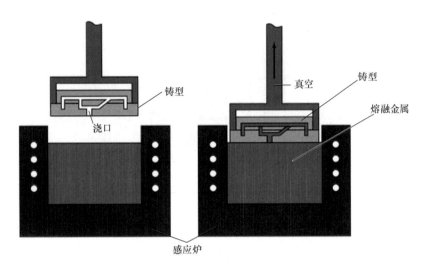

图 6-4  真空吸铸工艺

无芯感应炉也可与冲天炉组合，进行双联熔炼，感应炉作为精炼、过热保温及贮存铁液用。

2. 有芯（沟槽式）感应炉熔炼（见图 6-5~图 6-7）

在有芯感应炉中，充满金属液的覆盖耐火衬的感应器沟槽与炉体底部相连，感应器相当于一个变压器，由一组或多组绕组在封闭的铁磁心体上的一次线圈与短路连接的二次绕组线圈组成，感应出短路电流，产生高热能，并通过电磁力涡流及热力上升作用，经过感应器沟槽传导给炉内的金属，这种工作形式更加省电。对于沟槽式感应炉，要求在任何时候槽道内应有液态金属且不能凝固，这是一种连续的熔炼方法，熔化效率相对较低，主要用于低熔点非铁合金材料的熔炼和过热保温。用于熔炼非铁合金的炉子容量为 1~5t，用于过热保温的炉子容量为 3~60t。

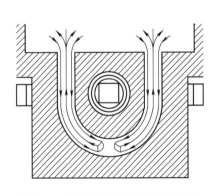

图 6-5  有芯（沟槽式）感应炉槽道

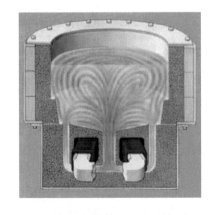

图 6-6  有芯（沟槽式）感应炉的工作原理

图 6-7　有芯（沟槽式）感应炉剖面图

### 3. 电弧炉熔炼

电弧炉熔炼是利用石墨电极与金属炉料之间形成电弧所产生的高温来加热和熔化金属。该熔炼方法的熔化效率非常高，可无限制地熔化所有类型的金属炉料，处理不纯净的原材料和废料，可以去除一些不需要的元素。电弧炉熔炼主要用于熔化碳素钢和低合金钢。这也是一种批量熔炼法。电弧炉可作为熔炼炉，也可与感应炉组合，进行双联熔炼，实现合金化。电弧炉常见的容量为 5~60t。其结构及工作原理如图 6-8 所示。

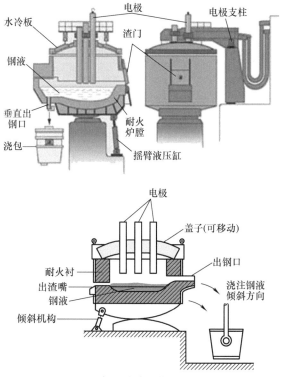

图 6-8　电弧炉的结构及工作原理

电弧炉熔炼的优点：

1）高熔化能力。

2）可以熔化任何金属材料。

3）可以用作保温炉。

电弧炉熔炼的缺点：

1）设备投资比较大，适用于大的熔化量。

2）电弧炉熔化铸铁成本很高，因为要重复合金化（C、Si、Mn等），结晶核心损失多。

3）环境比较差（产生很多气体、灰尘，噪声大）。

4）会造成很多损失。

### 4. 燃气 / 燃油回转炉熔炼

回转炉主要包括 5 个部件，即转筒、燃烧器、烟囱、加料装置和过滤器，如图 6-9 所示。

转筒是一个长圆柱体（长径比大多为 1~4）带有一个锥形末端。转筒的前端有一个小孔，用于连接燃烧器，有时也用作出液口，出液口有时也设置在转筒上接近前端的位置；后端有一个较大的开口，用于装料，并将燃烧产生的气体导入烟囱。

燃烧器可以是油 - 气、气 - 气、油 - 氧或气 - 氧。燃烧器的类型有很多，而能耗、炉衬磨损和熔化率是最基本的需要考虑的因素。

烟囱的作用是将气体引入除尘器并进行冷却。烟囱不是固定的，因为必须要能移开以方便装料和修理炉衬。

加料装置是一个振动槽，炉料从振动槽进入倾斜的炉内。在大型炉内，炉料下落的距离长，会导致炉衬损坏（与炉料尺寸也有关系）；还有一种加料装置即水平输送机，它可以伸进炉内连续加料，对炉衬的损坏最小。缺点是水平输送机必须是耐热材料制成并需要较多维护，而且还需要炉后有较大的空间。

除尘器用于处理气体和气体中的灰尘。如果气体温度低于 100℃，除尘器的寿命就会很长，过滤效果也会很好。

在进行熔炼操作时，将炉料装进有耐火衬的圆柱体转筒，利用空气、氧或混合的气体燃烧器进行加热熔化。在熔化过程中转筒转动，金属达到正确的化学成分和温度即可出炉。

这是一种批量熔炼法，与冲天炉熔炼相比，回转炉熔化可获得较高的温度（达1600℃），金属的均匀性和稳定性更好，出炉前能得到正确的化学成分。

其熔炼成本比冲天炉高，但比其他熔炼方法低。回转炉的容量可从 1t（非铁合金）到 20t（灰铸铁）。

其灰尘排放明显低于冲天炉，但比电炉高一些。如果使用氧燃烧器，几乎没有 CO 和 $NO_x$ 的损失。

这种熔炼方法主要用于铸铁和非铁合金的熔炼。

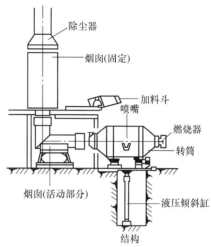

图 6-9　回转炉

**5. 气体（油、焦炭）燃料坩埚炉或反射炉熔炼**

燃料坩埚炉主要用于品种多、批量小的非铁合金熔炼，如图 6-10~ 图 6-12 所示。燃料可以来自燃煤、焦炭、石油或天然气。坩埚可以用钢、耐火衬或石墨制成。这种熔炼方法是一批次熔炼，一次熔炼量为 50~250kg。

图 6-10　坩埚炉熔炼

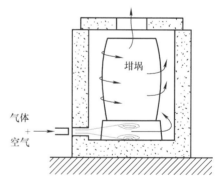

图 6-11　坩埚炉熔炼原理

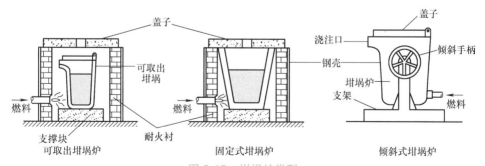

图 6-12　坩埚炉类型

火焰反射炉适用于熔炼铝合金和铜合金等，容量从几百千克到几十吨。由于环保要

求提高，以燃煤或焦炭为燃料的反射炉已被燃油、燃气反射炉等所替代，如图6-13~图6-15所示。

图6-13 反射炉

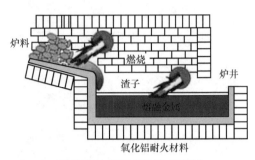

图6-14 反射炉工作原理图

图6-15 反射炉工作场景

### 6. 冲天炉熔炼

冲天炉的结构原理如图6-16所示。

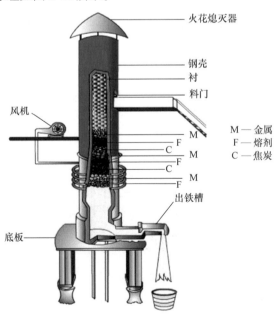

图6-16 冲天炉的结构原理

冲天炉熔炼的主要问题是温度的限制以及金属与燃料（尤其是焦炭）的相互作用。冲天炉内的反应与温度分布如图 6-17 所示。除非连续熔炼相同的炉料，否则从一种类型的金属向另一种金属转化时，其化学成分不易控制，期间产生的混合金属不能使用，将造成额外的成本费用。

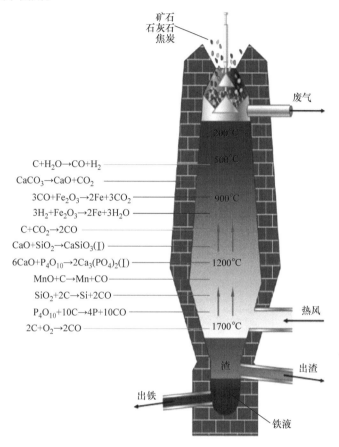

图 6-17　冲天炉内的反应与温度分布

注：— 还原剂的形成　— 氧化铁的还原　— 炉渣的形成　— 杂质的来源

冲天炉适于铸铁熔炼，特别适合同一种铸铁材料的批量生产。在所有熔炼方法中，冲天炉的熔炼成本最低，对于灰铸铁，冲天炉熔炼是最好的熔炼方法。每小时熔化量为 2~20t（与炉径有关），可连续熔炼。

采用冲天炉熔炼金属，出炉后转入感应炉内保温和炉内合金化，以获得正确的化学成分，然后再加热到出炉温度，这种熔炼方法称为双联熔炼，双联熔炼对于铸铁是一种比较经济的熔炼方法。

冲天炉熔炼会产生大量的灰尘，排放大量的 $CO$、$CO_2$ 和 $NO_x$。为解决冲天炉的排放问题，需要一个相适应的大型除尘装置（见图 6-18），前端的旋风除尘器可过滤掉炉气中较大的尘粒和过热的火花，以防进入到除尘过滤器内。

　　为改善冲天炉的熔炼效果，增加了预热送风、富氧送风措施，开发了长炉龄热风冲天炉、无焦冲天炉等，可获得更高的熔炼温度，提高熔炼效率，减低排放。

　　无焦冲天炉的热源不是焦炭而是使用燃烧器。这种冲天炉减少了对环境的污染（尤其是减少了废气中的固体颗粒），价格比较昂贵，但能较好地控制熔炼过程。无焦炭冲天炉的工作原理如图 6-19 所示。

图 6-18　冲天炉的除尘装置

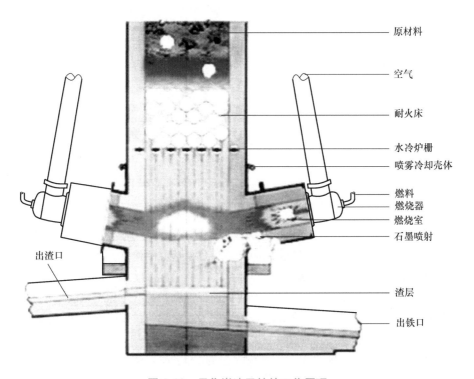

图 6-19　无焦炭冲天炉的工作原理

7. 熔炼方法评价（见表 6-1）

表 6-1　熔炼方法评价

| 熔炼炉类型 | 分析 | 熔炼速度 | 成本价格 | 投资 | 金属 | 合金 | 环境 |
|---|---|---|---|---|---|---|---|
| 坩埚炉 | + | — — | — — | ++ | NF | 0 | — |
| 冲天炉 | — | +++ | — | ++ | G | — | — |
| 冲天炉＋感应炉 | ++ | ++ | +++ | — — | G | 0 | — |
| 转炉 | ++ | ++ | 0 | 0 | G, NF | 0 | 0 |
| 有芯感应炉 | 0 | — — | +++ | — — | NF | — — | ++ |
| 工频感应炉（50Hz） | ++ | ++ | ++ | — — | F, NF | ++ | ++ |
| 中频感应炉（150~10000Hz） | +++ | ++ | +++ | — — | F, NF | +++ | ++ |
| 高频感应炉（>10000Hz） | ++ | + | +++ | — — | F, NF | +++ | ++ |
| 电弧炉 | — — | +++ | ++ | — | S | — | — |

注：分析，可获得需要分析的难易程度（＋简单，－困难）；熔炼速度，每小时熔化的量（＋高，－慢）；

　　成本价格，每吨金属的价格（＋低，－高）；投资，投资的成本（＋低，－高）；金属，非铁合金、铸

　　铁和钢；合金（＋简单，－困难）；环境，污染和排放（＋高，－低的）。

　　NF—非铁合金，G—灰铸铁，F—铁合金，S—铸钢。

## 6.1.3　浇注重量

　　浇注金属液的重量要大于铸件净重，浇注时的金属液组成如图 6-20 所示。下列参数是浇注时需要考虑的：

　　金属液出炉重量＝（零件＋加工余量＋浇注系统＋冒口＋补贴＋耗费＋飞边＋安全量）的重量

　　浇注重量＝（零件＋加工余量＋浇注系统＋冒口＋补贴＋耗费＋飞边）的重量

　　落砂后的铸件重量＝（零件＋加工余量＋浇注系统＋冒口＋补贴）的重量

　　铸件净重＝（零件＋加工余量）的重量

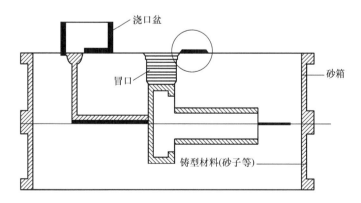

图 6-20　浇注时的金属液组成

////浇注系统　——飞边　\\\\加工余量　●溢出飞边

有两种铸件出品率的定义，核算成本时选用式（6-1），生产中通常使用式（6-2）：

$$铸件出品率 = 铸件净重 / 出炉重量 \qquad （6-1）$$

$$铸件出品率 = 铸件净重 / 浇注重量 \qquad （6-2）$$

铸件出品率取决于金属体积收缩，它决定冒口的总重量，一般是收缩量的 3 倍。

零件的形状越复杂，需要的冒口数越多，浇口盆越大；需要的浇道也多，浇注系统也很庞大。

质量等级为 1 的铸件要比质量等级 4 的铸件需要更多的冒口。

图 6-21 和图 6-22 所示为铸件出品率（按式 6-2）为 35% 的球墨铸铁件的垂直浇注模型和抛丸处理后的金属总量。

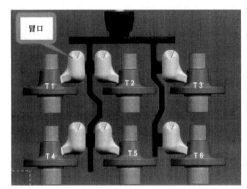

图 6-21　垂直浇注模型　　　　　图 6-22　抛丸处理后的金属总量（垂直造型）

T1~T6—模样

部分铸铁和铸钢的铸件出品率见表 6-2。

表 6-2　部分铸铁和铸钢的铸件出品率

| 铸铁和铸钢 | 铸件出品率[1]（%） |
| --- | --- |
| 灰铸铁 | 60~85 |
| 球墨铸铁 | 50~60 |
| 球墨铸铁（大型厚壁） | 60~75 |
| 合金铸铁 | 40~55 |
| 铸钢 | 30~55 |
| 高合金铸铁和铸钢 | 30~45 |

[1] 以式（6-2）计算的铸件出品率。

图 6-23 所示为铸件出品率约为 75% 的铝合金压铸件。

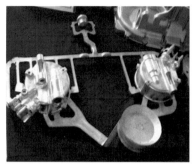

图 6-23　铝合金压铸件

## 6.1.4　金属炉料

### 1. 类型

常见的金属炉料有以下几种类型。

1）新基体材料：用于熔炼铸钢和铸铁的有生铁或钢（散装或压缩成块），如图 6-24~图 6-26 所示；熔炼非铁合金可使用铝或铜锭（块、板）。

2）回炉料：回炉料与需要熔炼的金属材料有相同或相近的化学成分，多来自于铸造厂自己储存的浇注系统和冒口。如果回炉料是来自外面，则需要保证化学成分和清洁。破碎的废旧零件或切屑也属于这一类型炉料，如图 6-27~图 6-30 所示。

3）合金：添加合金的目的是为了获得需要的化学成分，如石墨、硅铁、镍、铜和镁铁等，含合金的废钢也可作为钢料＋合金配料，如图 6-31 和图 6-32 所示。

图 6-24　生铁　　　　　　　　　　图 6-25　废钢

图 6-26　压缩的废钢

图 6-27　部分分类的废铁

图 6-28　储存的废料

图 6-29　压缩的切屑碎片

图 6-30　切屑碎片

图 6-31　用于合金化的铜

图 6-32　含合金的废钢

**2. 金属炉料的特性**

金属炉料的化学成分应满足一定的要求，主要是因为：

1）需要进行的冶金处理可能对最终化学成分有影响，如球墨铸铁的球化处理会带入 Mg 和 Si。

2）高温会使有些元素含量增加或降低，如铸铁在高温时 C 会烧损，形成 CO。

3）有些元素因与炉衬发生反应而使含量降低或升高，如在酸性炉衬中 Mn 含量会降低。

炉料应分类存放，避免不同炉料的混合，如图 6-33 所示。洁净的炉料对于熔炼的能耗很重要，例如，使用未抛丸的回炉料，会使感应炉的能耗增加 0.5kW·h/t；使用锈蚀严重的废钢，会使能耗增加 30 kW·h/t。

用于熔炼的金属炉料必须具有准确的化学成分，若不能正确进行炉料分类，就会导致最终产品不合格，这不仅要考虑常规元素的要求（如 C、Si、Mn、P、S 等），还要考虑残留元素的要求（如 Ti、Al、B、Pb 和 Te 等）。

图 6-33　炉料分类存放

**3. 加料**

将炉料加到炉子中的加料方式由熔炼炉的类型决定。

1）冲天炉：通过连接顶部的轨道加料车（斗）进行加料。

2）电炉：通过电磁铁或手工加料，用水平或垂直加料车进行加料（见图 6-34~图 6-36）。

图 6-34　水平加料车

图 6-35　垂直加料斗

图 6-36　电磁铁加料

4. 结论

很明显，好的材料（好的形状、合适的块度及良好的化学成分）具有比较昂贵的价格。但请记住，大部分熔炼炉无法（非常困难或是昂贵的）消除金属炉料中的元素，需要对金属炉料进行良好的储存，避免不同类型材料混合存放（见图 6-37），覆盖储存可能是更好的。

图 6-37　不可接受的材料储存

## 6.2　浇注

### 6.2.1　简介

当炉内金属化学成分和温度调控完成后，将金属液倒入浇注设备，运到铸型处进行浇注。金属液在炉内、出炉过程中或浇注过程中，需要进行很多次冶金处理来提高金属质量，冶金处理可以在炉内进行，也可以在单独设计的浇包或浇口盆内进行。

浇注是不可低估的重要操作，因为在不到 3min 的时间内，铸件会由于不正确的浇注而报废（断流，空气/气体和夹杂物进入型腔）。批量生产可用采用自动浇注设备，而对于大型件生产则需要人工完成浇注。金属出炉、冶金处理和浇注过程中会损失很多能量，良好的过程控制会将能量损失降到最低。

### 6.2.2　冶金处理

冶金处理是为了提高金属液的质量，保证铸件很好地凝固。

常见的冶金处理有：

1）除气，大多是脱氧。

2）细化晶粒。

3）脱硫。

4）球化处理。

5）孕育处理。

### 1. 除气

液态金属会吸收很多气体，如氧气、氢气和氮气等。在凝固过程中，气体溶解度急剧下降，就会从金属中析出，在铸件中形成气体缺陷。金属中的气体含量如果太高，即使不形成气孔，也会导致铸件力学性能的下降。

除气通常在炉内进行，主要包括以下几种方法。

1）对金属施加真空。

2）向炉内或浇包中吹氩气。

3）在炉内或浇包中添加铝脱氧剂。

4）添加特殊的除气剂，除去铝中的氢气。

通常对钢、铝合金和铜合金需要除气，铸铁一般不需要除气。

### 2. 细化晶粒

金属在凝固和冷却到室温的过程中晶粒会增大。众所周知，晶粒粗大会导致金属塑性和韧性下降，裂纹敏感性增大。为了避免晶粒长大，常在液态金属中加入一些细化晶粒的元素，这些元素在晶界处形成细小的化合物，从而降低晶粒的增长速度。

大多数情况下，钢和铝需要这样处理，铸铁不需要这样处理，因为铸铁是铁和石墨的双相材料，会自动限制晶粒增长。

### 3. 脱硫

几乎所有的金属中都会有硫（S）的出现。硫会与金属中的其他元素发生反应，形成化合物（如形成 MnS），这些化合物夹渣会降低金属的力学性能（零件寿命）和焊接性能。

金属中每一种有害元素都无法完全除去，但是需要控制其在狭窄范围内，因此要进行脱硫处理。对钢、球墨铸铁和蠕墨铸铁进行脱硫处理是必要的，大多数情况下使用 Ca 基合金处理剂。

### 4. 球化处理

铸铁中石墨的形状决定其材料性能，通常石墨以片状结晶，这是最古老的铸铁类型，有几千年的历史，其强度和延展性最低。

生产球墨铸铁时需要降低氧和硫的含量，加入镁合金处理剂，形成石墨结晶核心，即 MgO 和 MgS。这种处理方式称为球化处理。

蠕墨铸铁也需要在较小程度上降低氧和硫的含量。这种铸铁形成蠕虫状和球状游离石墨的组合，用镁合金或另外一种含 Ti 合金进行蠕化处理即可。

### 5. 孕育处理

铸铁中的游离石墨颗粒数量取决于其结晶核心的数量，结晶核心少，则游离石墨颗粒少、体积大。大尺寸的石墨晶粒会降低延展性，增大裂纹敏感性，因此需要在金属液内加入变质合金，引入核心，这种操作称为孕育处理。

灰铸铁、球墨铸铁和蠕墨铸铁都需要进行孕育处理。

### 6.2.3 浇注要求

浇注的方式要使铸件满足质量要求。浇注对铸件质量的影响主要包括：

1）产生缩孔和缩松。

2）形成渣孔、气孔和夹砂。

3）影响表面质量。

因此，对浇注有以下的要求：

1）浇注温度在较窄的范围内。

2）浇注时间在较窄的范围内。

3）浇注不能断流，避免裹挟空气和气体。

4）浇注金属时要尽可能少地接触空气。

5）渣、砂或其他夹杂物不能进入型腔。

6）良好的浇注流动性，由金属的流动性、表面张力、渣含量和金属的凝固类型确定。

记住，无论做了什么工作，造型、制芯等，浇注铸件只需要几秒钟到3min的时间，在很短的时间内，任何的失误都可能使铸件报废。

#### 1. 浇注设备

（1）定义　浇注设备通常称为浇包。浇包是用于将液态金属从熔炼炉运到保温炉、处理炉或铸型处的容器。

（2）浇包系统　图6-38列出了各种不同的浇包系统的组成，包括有浇包和自动无浇包两类。

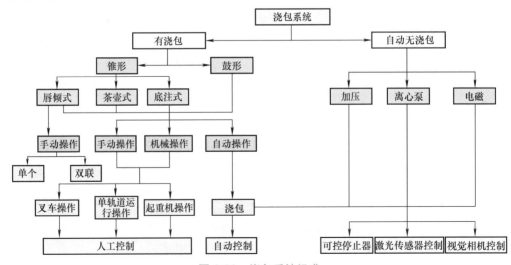

图 6-38　浇包系统组成

浇包有锥形浇包和鼓形浇包，各自有其不同的形式和操作、控制方式。

浇包可以是由单人手持浇包，或者由两个人抬浇包进行少量金属浇注，如图 6-39 所示。浇包可以是手动操作、机械操作或自动操作，可通过叉车或起重机运输。自动无浇包浇注通常是将熔炉直接作为浇注设施，通过相应的控制完成浇注，一般用于低熔点的非铁金属材料，如铝、锌和镁等的浇注。

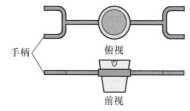

图 6-39　手工浇包浇注

图 6-40 所示为几种常见的浇包类型。

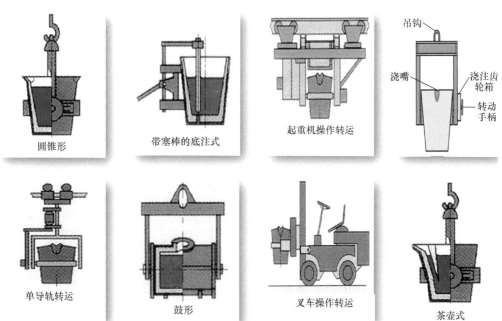

图 6-40　几种常见的浇包系统

111

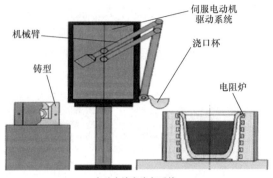

自动出液和浇包系统

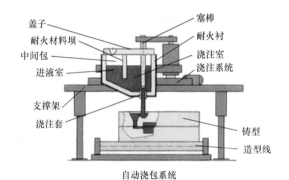

自动浇包系统

图 6-40　几种常见的浇包系统（续）

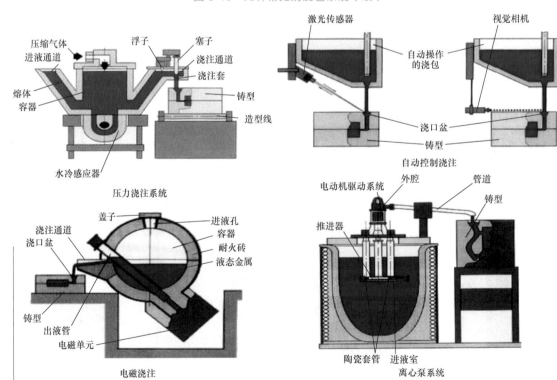

压力浇注系统

自动控制浇注

电磁浇注

离心泵系统

图 6-41　自动无浇包系统

**2. 浇包浇注与无包浇注**

（1）浇包浇注　锥形浇包适用于所有金属材料，由锥筒形钢外壳和耐火材料内衬组成，内衬材料必须与熔炼炉的耐火材料相似（见图 6-42）。内衬与液态金属的关系如下：

1）吸热，温度升高。这主要取决于内衬材料的比热容（J/kg·℃）和内衬的质量。

2）将热量传递到钢外壳。所传递的热量取决于内衬材料的热导率、内衬的厚度，以及内衬与钢外壳的接触状况。通常可在内衬与钢外壳之间设置隔热层，以减少热量传递。

3）内衬与液态金属间反应。温度越高，反应越强。通常内衬材料性质与炉衬材料一致（碱性、中性或酸性），因为金属与炉衬之间要达到一种反应平衡，如果将金属液倒进性质不同的内衬浇包中，金属要重新反应，以获得与内衬的平衡。内衬可以是：砖砌、可塑材料或预成型内衬（见图 6-43）。

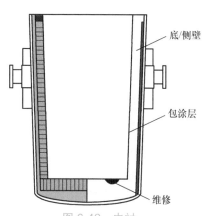

图 6-42　内衬

图 6-43　预成型内衬

内衬要能修补、维护。液态金属温度的损失取决于内衬材料的热导率、浇包内使用的保温材料、浇包盖的使用以及浇包的高径比。对锥形浇包，熔渣进入铸型的风险较高，因此设置良好地扒渣设施十分重要。可以从一侧的浇嘴扒渣，用另一侧的浇嘴浇注，如图 6-44 所示。浇嘴的断面面积必须是直浇道断面面积的 2 倍。

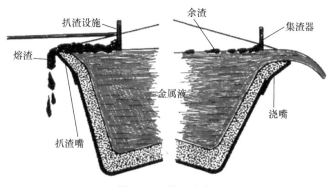

图 6-44　锥形浇包

为了避免熔渣进入型腔，底注式浇包是一个不错的选择。通常用石墨制成的底塞和塞棒堵住浇包底部的浇孔。熔渣浮在金属液的顶部，不会进入铸型。这种浇包特别适用于钢和铝的浇注，缺点是金属液的流速依赖于浇包底部浇孔的大小和浇包内金属液面的高度，没有额外控制的可能，如图 6-45 所示。

茶壶式浇包的熔渣会留在浇包内而不会进入铸型（见图 6-46），这种浇包通常用于浇注灰铸铁和蠕墨铸铁。存在的问题是：①茶壶包嘴要定期清理和换衬，尤其是用于浇注球墨铸铁时，茶壶嘴的断面越小，浇注速率就越小；②如果在浇包内进行冶金处理（如孕育处理或球化处理），茶壶嘴中的金属不好处理，必须要将其倒掉。

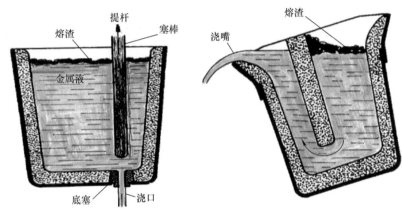

图 6-45　底注式浇包　　　　　　　　图 6-46　茶壶式浇包

为了避免金属液温度的损失，并严格控制熔渣，鼓形浇包是一种较好解决方案。这种浇包几乎没有金属液暴露在空气中，热量损失很小，通常用于铝、青铜和黄铜的浇注，有时也用于灰铸铁的浇注，其缺点是清理和更换耐火衬比较困难、费时，使用成本较高。

浇包浇注几乎总是由操作者人工控制浇注，存在以下的风险：

1）高温金属液溢出。

2）浇注断流。

3）浇注速率不一致。

4）温度控制比较困难。

自动浇包系统的浇包设有绝热盖，采用了电子控制的倾翻或塞杆自动浇注。自动浇包系统可精确控制浇注温度、速度和重量，提高了质量控制和保证。整个浇包系统可设置在造型线上任意位置，实现同步浇注，如图 6-47 所示。

自动浇包系统可用于各种金属材料的批量生产，特别适用于生产铝、锡、铅和锌合金。利用特殊的陶瓷浇包，也可以浇注铜和黄铜。

图 6-47　移动式浇包设备

（2）无包浇注

压力浇注不用浇包，金属液在气压（氮气和干燥空气）作用下，直接从熔炼炉充入铸型，适用于自动浇注系统。浇注温度损失很小，熔渣很少（几乎不与空气接触），如图 6-48 所示。

将铸型安装在熔炼炉的顶部，倾转 180°，充型，利用重力完成浇注，适用于精密铸造。

电磁浇注存在的问题是浇道易于堵塞（渣子和冷金属），尤其是浇注球墨铸铁时更为严重。

利用离心泵从熔炼炉进行浇注的方法通常与过滤和除渣相结合，确保浇注金属洁净、温度损失少，但需要较高的投资和维护成本。该方法适用于低熔点金属，如铝、锡、铅和锌合金的浇注。

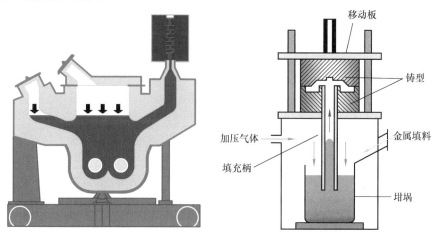

图 6-48　压力浇注

# 6.3　出炉温度与浇注温度

## 6.3.1　简介

对熔炼操作，重要的是所熔炼的金属材料必须满足化学成分的要求，而且也要满足浇注温度的要求，必须具有适宜的金属液出炉温度。

金属液出炉温度过高可能会带来以下的问题：

1）额外的高温会消耗能量，增加生产成本，使 CO 产出增多。

2）金属的质量会下降（铸铁的核心下降，铸钢的氧含量会增加）。

3）将金属降到合适的温度会占用较长的时间。

正确的浇注温度和出炉温度必须要计算。比较而言，较高的温度没有太低的温度危险，因为对金属液重新加热不易，降温却比较容易（等待或加入冷炉料）。

需要强调的是，金属温度的测量非常重要，不仅要在炉内测量（出炉温度），还要在浇注铸型时测量（浇注温度）。在铸型处测温，可使用便携式测温仪和消耗性热电偶探头，如图 6-49 和图 6-50 所示。

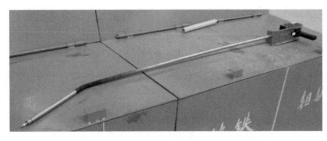

图 6-49　便携式测温仪　　　　　　　　　图 6-50　消耗性热电偶探头

### 6.3.2　温度计算

可按照以下的方法计算温度，应考虑从出炉到浇注之间的温度损失。

1. 浇注温度

浇注温度设定为：

1）对于小浇口盆，浇注温度是浇包内的温度。

2）对于大浇口盆，浇注温度是浇口盆内的温度。

3）适宜的浇注温度必须确保浇注结束时，充型金属温度略高于金属的液相线温度。为了安全，必须要额外增加一定的温度。

4）在浇注过程中可能的温度损失。从浇包到浇口盆的温度损失取决于液流大小、浇注速率（浇注越快，温度损失越小）、浇注液流高度（越高，损失温度越大），如图 6-51~图 6-53 所示。

5）金属液在浇口盆停留期间的温度损失。

6）金属液在经过浇注系统和充型过程中的温度损失，由浇注系统的长度、铸型的激冷（使用铬矿砂、冷铁等）和浇注时间决定。

图 6-51　浇注操作　　　　　　　　　　图 6-52　有浇口盆塞的浇注

图 6-53　双浇包浇注

2. 出炉温度损失

1）出炉时的温度损失取决于出炉液流的大小、出炉的速率以及炉口与浇包之间的距离，如图 6-54 所示。

2）加热内衬造成温度损失。这个温度损失与浇包的预热有关，只要金属液在浇包内，内衬就会向环境散热。

3）冶金处理过程中损失。脱氧，加脱氧剂温度损失小，吹氩气损失大；球化处理，Mg 与铁的剧烈反应程度与浇包类型有关；脱硫，大多需要转包处理，损失大；孕育处理，通常损失较小。

4）扒渣操作中的温度损失。冶金处理产生的熔渣必须去除以保证在后续转运和浇注过程中不再发生反应。扒渣过程中的温度损失由扒渣时间决定。

5）浇包转运到浇注位置过程中的温度损失。这个损失取决于温度、浇包内衬的类型和厚度、金属覆盖类型（浇包盖或粉末覆盖剂）以及金属液表面与空气接触面积（浇包高径比越大，损失越小）。

6）金属液在浇注区域降温等待时的温度损失。

图 6-54　出炉操作

3. 出炉温度计算

出炉温度对于熔炼操作来说非常重要，金属液一旦进入浇包内，就不能再回炉加热了。

出炉温度为：

$$T_{出炉} = T_{液相线} + T_{充型} + T_{浇口盆} + T_{浇注} + T_{转运} + T_{扒渣} + T_{冶金处理} + T_{浇包} + T_{出铁液流} + T_{安全} \quad (6\text{-}3)$$

式中　　$T_{液相线}$——液相线温度，金属在冷却过程中当低于液相线温度时就开始凝固，这个温度由金属的化学成分决定；

$T_{充型}$——充型温度损失，指金属液流经浇注系统和充满型腔过程中的温度损失；

$T_{浇口盆}$——浇口盆内的温度损失，由浇口盆的温度损失（浇口盆内衬或吸热）和金属液在浇口盆内拔堵前的温度损失组成；

$T_{浇注}$——浇注时的温度损失，指将金属液从浇包倒入浇口盆或铸型时的温度损失；

$T_{转运}$——运输过程中的温度损失，指将浇包从炉前转到浇注区域过程中的温度损失；

$T_{扒渣}$——扒渣温度损失，即扒渣过程中的温度损失，扒渣可以在出炉后、冶金处理后和浇注前进行；

$T_{冶金处理}$——冶金处理温度损失，即冶金处理过程中的温度损失；

$T_{浇包}$——浇包内温度损失，指将金属液从炉内倒进浇包内，浇包内衬吸热导致的温度损失；

$T_{出铁液流}$——这个温度损失指将金属液转送到浇包过程中的温度损失；

$T_{安全}$——安全温度，在计算出炉温度时增加的温度，保证浇注前金属液的温度依然高于所需的浇注温度。

### 6.3.3　总结

出炉温度是熔炼操作中最主要的温度参数，是熔炼操作者容易控制的温度。金属液一旦出炉后，温度损失不容易控制，这些温度损失将影响浇注温度。

浇注温度太高，可能产生的问题如下：

1）等到温度达到要求再浇注，会导致部分冶金处理效果丧失。

2）温度浇注太高会导致金属收缩量增大，产生收缩问题，也容易产生粘砂。

3）加入冷炉料快速降温。加入金属炉料的化学成分要与浇包内金属液的化学成分相同（至少相近）。

浇注温度太低，可能产生的缺陷有：

1）产生冷隔。

2）充型不完整。

3）即使铸型充满，由于渣、气、砂在较低温度的金属液中不能很好地上浮而形成夹渣缺陷。

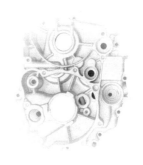

# 第 **7** 章

# 铸件落砂、铲磨与清理

## 7.1 落砂

为避免热态铸件易损，或者形成非要求的金相组织（特别是生产铁素体铸件时），铸件应在铸型内冷却到安全温度后方可开箱取出。落砂后的型砂经破碎转送至旧砂回收站。旧砂再生时应除去所有的杂物，如铁、钢、飞边、冒口套、氧化物和灰尘（砂尘微粒）。在落砂过程中，要清空铸件上的型砂和内腔的芯砂，冷铁和芯骨要回收再用。对大型铸件，落砂通常在装有除尘装置的封闭室内进行，如图 7-1 和图 7-2 所示。

图 7-1　大型落砂设备

图 7-2　大型落砂机格栅

当采用湿型砂造型时，落砂可以在敞开的或不太封闭的环境中进行，如图 7-3 所示。对批量生产的铸件，将铸型送入滚筒，通过相应操作实现铸件与型砂分离，旧砂快速冷却以避免损失额外的水分，如图 7-4～图 7-6 所示。

与化学粘砂相比，湿型砂落砂过程中产生的灰尘较少；金属型、陶瓷型和壳型等铸造工艺几乎不产生灰尘。无论如何，对于砂型铸造，要优先采用较大和较强的除尘装置；落砂操作过程中会产生大量的灰尘，操作者必须佩戴面罩进行防护。

图 7-3　湿型砂落砂

图 7-4　落砂操作

图 7-5　铸件 - 型砂分离

图 7-6　湿型砂冷却器

## 7.2 铸件清理工作量

将铸件从铸型中取出后，还需要做许多清理工作，如去除多余的材料，对铸件表面进行清理和修整等。

与铸件的总成本（不包括废品和修补）相比，铲磨，清理和去除冒口的成本大约为：蠕墨铸铁，21%；球墨铸铁，24%；高合金钢铸铁，27%；铸钢，34%。

有时还需要修磨掉飞边、夹砂和粘砂等，这些额外的工作量很难预测，但是在很大程度上是可以避免的。

根据铸件质量，铸件清理工作量见表 7-1。

表 7-1　铸件清理工作量

| 铸件清理操作 | 铸件质量 | |
| --- | --- | --- |
| | <20kg | >20kg |
| | 工作量 | |
| 抛丸、涂装和验收 | 10% | 5% |
| 浇注系统去除 | 45% | 15% |
| 铸件清理和铲磨 | 45% | 55% |
| 不合格品修复 | — | 25% |

修复 20kg 以下的铸件通常是不值得的，尤其是如果在初期阶段，它们可以被识别和除去的就不要去修复。

德国工厂铸件清理工作量的估值见表 7-2。

表 7-2　德国工厂铸件清理工作量的估值

| 铸件清理操作 | 工作量 |
| --- | --- |
| 铸件不合格品修复 | 28% |
| 切除浇注系统 | 14% |
| 打磨残余的浇注系统 | 12% |
| 打磨表面 | 13% |
| 粘砂 | 15% |
| 其他 | 5% |

## 7.3　铸件清理

### 7.3.1　抛丸

从铸型中取出的铸件表面和内腔粘有大量的砂子、氧化物和其他异物，这些夹杂物必须要去除。铸件清理优先采用抛丸清理。

1. 抛丸清理的方式

1）滚筒清理：滚筒分为带抛丸滚筒和无抛丸滚筒，如图 7-7 和图 7-8 所示。这种清理方式是将小型铸件放进旋转的滚筒，由于旋转运动，铸件之间互相碰撞，这样铸件上的杂物和飞边都可以被除掉。为提高清理效率，可向滚筒内抛射钢丸。这种方式不适于形状复杂的铸件、平板铸件（大面积）或脆性铸件。

图 7-7　带抛丸滚筒

图 7-8　无抛丸滚筒

2）手工喷丸清理：这种清理方式适用于大型的和形状复杂的铸件。操作者进入仓内，围绕铸件移动喷丸，如图 7-9 所示。优点是能看见完整的铸件，根据需要很好地选择喷丸位置和密度；缺点是操作者的工作环境差，尽管穿着防护服，通过过滤器供给空气，但是移动困难并且环境温度高。较小的铸件可以放进"作业室"内，由操作者站在室外，戴上手套，穿过室壁操作室内的喷嘴，对铸件进行喷丸清理，缺点是铸件要翻转，较难保证每个表面和内腔都能得到清理（见图 7-10）。

图 7-9　手工喷丸　　　　　　　　　　图 7-10　手动喷丸（压力容器）

3）抛丸清理机清理：可利用抛丸清理机对铸件进行清理。

按结构特点抛丸清理机大致可分为以下几种类型：

1）吊链步进式抛丸清理机，铸件前面进，后面出，如图 7-11 所示。

2）吊链连续式抛丸清理机，可对铸件进行循环清理。

3）吊钩转盘式抛丸清理机，由吊钩和转盘结合组成铸件运载机构，可往复作业或连续作业。

4）转台式抛丸清理机，如图 7-12 所示。

5）台车式抛丸清理机，台车既能沿轨道进出清理室，清理时又能带动铸件平稳旋转。

6）滚筒式抛丸清理机，如图 7-13 所示。

图 7-11　吊链步进式抛丸清理机

图 7-12　转台式抛丸清理机　　　　　图 7-13　滚筒式抛丸清理机

**2. 抛丸材料**

过去常用砂子作抛丸材料，抛砂表面光滑，但是不能去除致密的氧化物和粘砂，适用于耐蚀钢铸件的清理。通常在铸件涂漆前进行抛砂处理。

钢丸可以是球状或切丝状，如图 7-14 和图 7-15 所示。钢丸会产生强力的抛丸效果，可以去除铸件表面的粘接杂物。选择抛丸的粒形、尺寸可获得不同的铸件表面粗糙度。

钢丸不能应用于以下材料：

1）耐蚀钢。除非钢丸是同材质耐蚀金属。

2）奥氏体钢。强力钢丸会使铸件表面的奥氏体结构转化成马氏体结构。

其他抛丸材料有磨碎的果核和陶瓷碎块等。

抛丸工艺被越来越多地用于特殊用途，尤其是"喷丸加工"，它是一种加工方法，在加工部件的表面可形成表面张力，增加疲劳极限。

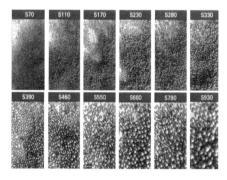

图 7-14　球状钢丸　　　　　　　图 7-15　切丝钢丸

**3. 抛丸的要求**

与砂子相似，抛丸有尺寸的要求（尤其适用于圆形抛丸），检测也类似于砂子。SAE 是一种通用的分类，见表 7-3。

表 7-3　通用的钢丸分类

不同尺寸筛子上的钢丸含量（%）

| 规格 (SAE筛号) | 6 | 7 | 8 | 10 | 112 | 14 | 16 | 18 | 20 | 25 | 30 | 35 | 40 | 45 | 50 | 80 | 120 |
|---|---|---|---|---|---|---|---|---|---|---|---|---|---|---|---|---|---|
| 筛孔尺寸/mm | 3.35 | 2.80 | 2.36 | 2.00 | 1.70 | 1.40 | 1.18 | 1.00 | 0.85 | 0.71 | 0.60 | 0.50 | 0.425 | 0.355 | 0.30 | 0.18 | 0.125 |
| S930 | | | 90% min | 97% min | | | | | | | | | | | | | |
| S780 | | | | 85% min | 97% min | | | | | | | | | | | | |
| S660 | | | | | 85% min | 97% min | | | | | | | | | | | |
| S550 | | | | | | 85% min | 97% min | | | | | | | | | | |
| S460 | | | | | | | 85% min | 96% min | | | | | | | | | |
| S390 | | | | | | 5% max | | 85% min | 96% min | | | | | | | | |
| S330 | | | | | | | 5% max | | 85% min | 96% min | | | | | | | |
| S280 | | | | | | | | 5% max | | 85% min | 96% min | | | | | | |
| S230 | | | | | | | | | 5% max | | 85% min | 97% min | | | | | |
| S170 | | | | | | | | | | 10% max | | | 85% min | 97% min | | | |
| S110 | | | | | | | | | | | | 10% max | | | 80% min | 90% min | |

注：规格中的数字越大，颗粒尺寸越大。

### 7.3.2　去除浇注系统和冒口

去除浇注系统和冒口（也叫切除）是铸件清理中不可避免的工作，其方法和应用比例见表 7-4。

表 7-4　去除浇注系统和冒口的方法和应用比例

| 方法 | 铸钢 | 铸铁 | 高合金球墨铸铁和灰铸铁 |
|---|---|---|---|
| | 应用比例 | | |
| 火焰切割 | 88 % | 2 % | — |
| 砂轮切割 | 8 % | 80 % | 20 % |
| 机械加工 | 2 % | 8 % | 10 % |
| 锤击撞击 | 2 % | 10 % | 80 % |

1. 灰铸铁件浇冒口的去除

通过冲击，用锤子或类似工具撞击，去除多余的材料，然后修磨连接处表面。为防止断口侵入铸件，需要在铸件外侧增加额外的断口安全距离，以保证安全修磨。这样后面修磨的工作量会多一些。

最新的方法是液压钳。灰铸铁不应采用火焰切割。

2. 球墨铸铁件、合金球墨铸铁件和高合金铸铁件浇冒口的去除

用高速砂轮切割机切除。高合金铸铁具有高的延展性、较高的强度和硬度，其冲击敏感性比较大（如马氏体白口铸铁），焊接性差，这就使得破裂无法修复。撞击去除冒口的方法也有在用，但风险很大。

3. 铸钢件浇冒口的去除

铸钢的延展性通常很高，无法采用撞击方法。

较小的冒口可用砂轮切掉，大型冒口需要采用热割的方法。热割是将浇道和冒口从铸件上熔掉而去除的方法。铸件的热导性越好，越容易熔掉。由于引入太多的热量和温度，气体硬化钢会由于切割冒口而开裂。对于气体硬化钢（由于硬化不受控，易裂）和奥氏体钢（热导性较差），多余的材料通常采用切割去除。

气刨是一种特殊的热割方法，它是利用碳电极与铸件之间产生的高温电弧熔化金属，并用压缩空气将熔化的金属立即吹走，以切除浇冒口等。这种方法可得到相对光滑的切割表面，后续打磨工作量较少，且热影响较小。

各种切割去除的方法或设备如图 7-16~ 图 7-19 所示。

图 7-16　砂轮切割　　　　　图 7-17　电弧气割

图 7-18  氧焰气割　　　　　　　　图 7-19  楔形液压钳切割设备

去除浇注系统和冒口的工作目前还主要是手工操作。随着铸件清理技术的不断发展和完善，越来越多的批量生产、高精度铸件，大都采用机器人和先进、高效的清理设备来完成铸件的清理工作。

### 7.3.3  去除飞边及其他缺陷

必须要去除的飞边及其他缺陷：

1）断裂结构、切割掉的冒口表面处（接触面）。

2）铸型分型处和型芯结合处的飞边。

3）烧结的氧化物和其他残留物（砂和渣等）。

对于上述必须要去除的飞边及其他缺陷，通常使用的是砂轮。砂轮是用量大、使用面极为广泛的一种磨具，使用时高速旋转，可对金属或非金属工件的外圆、内圆、平面和各种型面进行粗磨、半精磨和精磨以及开槽和切断等。

砂轮机分为气动砂轮机和电动砂轮机。

1）气动砂轮机：砂轮转速的大小取决于输入砂轮机压缩空气的压力、气压组成和材料性能，尤其是压缩空气中的水分、环境中的灰尘的影响。气动砂轮机适用于较小铸件和内腔的打磨，缺点是噪声较高。

2）电动砂轮机：其电源频率为 50Hz 或 60Hz，电压为 110V 或 220V 或 380V。它适于较轻载荷的工作场合，这是因为电刷的大幅磨损和污染环境，如图 7-20 所示。

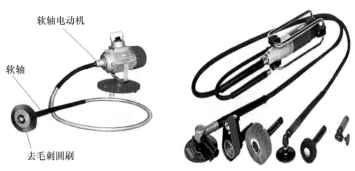

图 7-20  手持电动砂轮机

高频电动砂轮机（没有电刷的同步电动机）可以自动地进行调整，达到最大转速和最大功率，因此清理的效果比较好。

利用砂轮机去除铸件飞边及其他缺陷的清理工作大都是手工操作，如图 7-21 所示。

图 7-21　利用砂轮机进行手工清理

对于小型、批量生产的铸件，目前也有使用机器人进行清理工作的；对于大型铸件，越来越多的铸造厂使用控制器或机器人进行清理。图 7-22 所示为在一个机械臂上组装着切割工具，在防护室内进行清理操作，极大地减轻了操作者的劳动强度，改善了工作条件。

在批量生产中，可设计一个专用设备，用于去除铸孔处的所有飞边（倒角）。图 7-23 所示为用于去除发动机缸体倒角的专用设备。

图 7-22　机器人清理　　　　　图 7-23　去除发动机缸体倒角的专用设备

如果飞边位于平面上，可以通过加工去除。如果与客户协商沟通好的话，也可以不需去除。这种约定通常针对自动化生产的铸件，限制飞边的高度不超过2mm，如图 7-24 和图 7-25 所示。

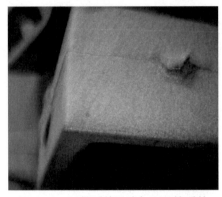

图 7-24　可接受的飞边与不可接受的
　　　　　内浇道残留

图 7-25　可接受的飞边

## 7.4 建议

前面提到的清理工作有"不可避免的"（如抛丸、去除冒口和浇注系统）和"可避免的"（如去除飞边、粘结的氧化物和砂子等），要尽可能地减少或避免这类清理工作。这类工作，一方面会增加成本；另一方面，对操作者来说，它是重体力工作且工作环境差（灰尘、噪音），对操作者的身体健康有较大的影响。因此，需要所有的参与者，包括设计者和操作者共同努力，以获得更好的结果。

1. 减少去除冒口的工作量（易割芯）

利用易割芯可以避免很多工作。易割冒口垫设置在冒口和铸件之间，使得冒口能更易于去除。易割冒口垫不影响冒口的作用，所以不受一定的限制。考虑到补缩，它是中立的；考虑到断面，可以使残留断面减少 50%。

如果采用热割法去除冒口（钢），且铸件与冒口之间的冒口垫高度太小，则热割的火焰熔化金属会有困难。大多数的冒口垫按图 7-26 设计。

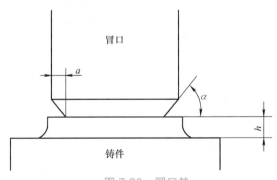

图 7-26　冒口垫

所有棱角要制成约 0.5mm 的圆角，尺寸 $a$、$h$、$\alpha$ 要依据表 7-5 确定。

表 7-5　冒口垫的尺寸

| 尺寸 /cm² | $a$/mm | $h$/mm（min） | $\alpha$ /（°） |
|---|---|---|---|
| 1 | 1.2 | 1.0 | 30~60 |
| 2 | 1.8 | 1.3 | 30~60 |
| 4 | 2.4 | 1.7 | 30~60 |
| 6 | 2.9 | 2.1 | 30~60 |
| 8 | 3.3 | 2.4 | 30~60 |
| 10 | 3.7 | 2.7 | 30~60 |

**2. 降低抛丸和铲磨工作量**

通过改变铸件的型腔设计可以降低抛丸和铲磨的工作量，如图 7-27 所示。

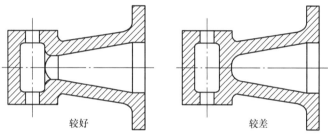

图 7-27　改变铸件型腔设计降低抛丸和铲磨量

**3. 分型错偏或飞边容易去除**

分型面处形成的错型或飞边必须要易于去除。例如，通过在模样分型处增加多余的材料以降低铲磨量，如图 7-28 所示。图 7-29 所示为另一种解决方案示例。

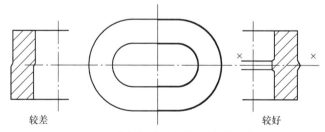

图 7-28　增加额外的材料以减少铲磨量

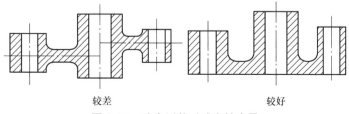

图 7-29　改变形状以减少铲磨量

4. 铸孔的设计

铸孔长径比越大，内腔的型砂越容易烧结，或者与金属发生反应，导致铸孔很难清理。图 7-30 所示为铸铁和铸钢的铸孔设计规则。它是根据铸孔长度和壁厚确定铸孔的最小直径，水平位置和垂直位置会有区别。

不但设计者可以改进，铸造厂也可以改进，但要保证模样的质量、模样和芯盒之间的尺寸关系以及正确的斜度。

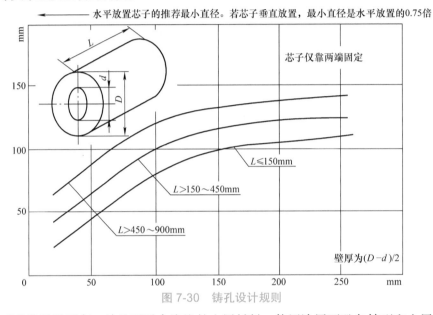

图 7-30　铸孔设计规则

型砂的质量要高，并且要适合浇注的金属材料，使用涂层可避免铸型和金属之间的反应；浇注温度也很重要，浇注温度越高，型砂和金属之间的相互反应的机会就越大，所以浇注温度不能超过合适温度太高，以保证得到光滑的铸件表面。

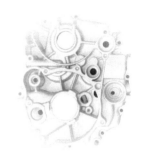

# 第 8 章

# 铸件的热处理

**简介**

热处理是在不同温度下进行的处理，以获得一定的性能。通常，热处理就是将工件从室温加热到一定的温度，保温一定的时间，然后以不同的冷却速度冷却到室温。较新的技术是可以通过"过冷"来获得特定的性能，例如，将奥氏体转化为马氏体，是将工件从室温开始冷却，然后再升温到室温（在大气中）。

铸铁是常用的、价格低廉的一种工程材料，具有广泛的应用范围。通过热处理，可进一步扩大铸铁件的应用范围，突破铸态铸铁件的局限性，是一种极具价值的有效手段。

铸件热处理的目的如下：

1）均匀材料显微组织。改变晶粒尺寸和方向，改善铸铁组织结构。例如，铁合金通常是按照枝晶结构凝固，而枝晶结构的缺点是枝晶与周围的材料不完全相同，组织不均匀，通过正火热处理可以使其均匀化。

2）获得所需的性能。通常是材料的力学性能，如抗拉强度、屈服强度、冲击吸收能量（夏氏 V 值）和硬度等。这些性能都与材料的显微组织有关，如铁素体球墨铸铁具有很高的抗冲击性能。还有其他的铸铁物理性能、铸造性能等，如奥氏体的磁性最弱或根本没有磁力。

3）去除残余应力。铸件在浇注、修补和加工等过程中会产生应力，这些应力在部件使用过程中会产生负面影响，如降低应变能力，或者使尺寸发生改变，因此要尽可能地去除应力。完全去除应力是不可能的，也是不经济的。

## 8.2 热处理过程及材料的选择

### 8.2.1 热处理过程

热处理过程包括三个阶段，如图 8-1 所示。

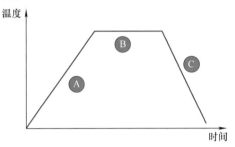

图 8-1 热处理过程

A——加热到所需的温度：在这个过程中，对升温速度不作过多要求，唯一的要求是使整个铸件获得所需的温度。在加热过程中，铸件（厚壁和薄壁）不同断面上（表层和内部）一旦存在温度差，则产生热应力，热应力的计算公式为

$$\Phi = K\alpha E \Delta T \tag{8-1}$$

式中　$\Phi$——应力大小（MPa）；

　　　$K$——材料系数；

　　　$\alpha$——线胀系数（$℃^{-1}$）；

　　　$E$——弹性模量（MPa）；

　　$\Delta T$——温度差（℃）。

温度差取决于两个因素，即材料的热容和热导率。这些热应力的具体数值对应的是铸件在某个特定时刻的温度，是随着时间不断变化的。加热速度越快，产生的温差就越大，热应力就越大。在加热过程中，材料在高温时产生塑性变形，应力会消除，因此对于结构相对简单的铸件，加热几乎不成为问题。对于铁合金，根据铸件的不同形状，当壁厚大约为 30mm 时，适宜的加热速度为 50~150℃每小时。

B——在一定温度上保温直到所需的变化已经发生

工件在一定温度上停留的时间，即保温时间，包括两部分：

1）整个铸件断面达到所需温度的必要时间。

2）完成组织结构改变所需的必要时间。

对于铸铁件，第一个时间是每 25mm 壁厚大约需要 1h，第二个时间是大约需要 1h，工件就可以达到所需的温度；对于奥氏体材料，可以是 0.5h 每 25mm 壁厚，即

1）对于非奥氏体材料，保温时间为 1h+1h /25mm 壁厚（或最大壁厚）。

2）对于奥氏体材料，保温时间为 1h+0.5h /25mm 壁厚（或最大壁厚）。

C——冷却直到获得目标结果

这是热处理过程中最关键的步骤，因为这个过程决定是否获得所需结果。要在研究材料的连续冷却转变图后选定冷却速度。理论上，冷却速度可达到 25~50℃每小时（炉冷）到 1000℃（水冷）。为了获得特定的冷却速度，冷却可在水、油、乳化剂、盐、金属浴、空气或炉内进行。在冷却过程中，温差会导致产生热应力，因为温度在降低，但热应力不会像加热时那样应力会降低。除此之外，还有另外一种应力，称为相变应力。材料的任何组织结构的变化都会伴随着应力的产生，尤其是晶体转变，如马氏体组织是在较低温度获得的，所以产生的应力很大。相变应力加热应力的共同作用，经常会导致铸件产生裂纹或断裂。冷却速度由铸件的关键断面决定，该断面是最关键的并应用在计算中；其他断面会经历不同的变化，所以性能会有所不同。对于一个断面变化大的复杂铸件，经过热处理和快速冷却，不同的组织结构和性能并存，从而导致很多的残余应力。

对于结构非常复杂的铸件，快速冷却（硬化、淬火和奥氏体金属消除碳化物退火所需的）是很危险的。铸件不同壁厚的过渡连接处会产生应力集中，进而导致产生裂纹或断裂。图 8-2~ 图 8-4 所示为解决这些问题的一些措施。其中，图 8-2 显示了良好的过渡连接；图 8-3 显示了最好的圆角连接；结构形状对应力的影响如图 8-4 所示。这些措施有助于降低热处理过程中的应力，同样也有助于改善铸造过程中的应力。

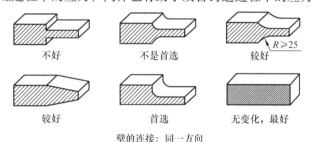

图 8-2　根据热处理过程中快速冷却引起的应力判断截面的可能连接

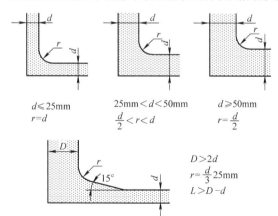

图 8-3　根据热处理过程中快速冷却引起的应力判断过渡圆角

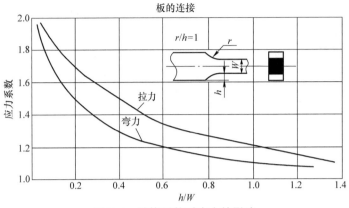

图 8-4　结构形状对应力的影响

## 8.2.2　材料的选择

通过选择高合金材料可以避免或降低过冷的程度。例如，低合金铬钼钢 [1.5%（质量分数，余同）铬和 0.25% 钼] 淬火时需要在油或聚合物中冷却，而高合金铬钢（12% 铬和 0.5% 钼）只需在大气中冷却即可。有的材料具有回火脆性，在某一温度区间停留时间过长，会使延伸率、冲击值（尤其是低温冲击值）降低，而增加硬度。典型的铬合金钢的回火脆性温度为 425~500℃（加钼可以缓解），奥氏体不锈钢的回火脆性温度区间为 550~650℃。材料的回火脆性也会在零件服役的温度范围内发生，设计者要特别注意所选的铸件材料，避免回火脆性发生在服役的温度范围。

## 8.3　硬度与淬透性

### 8.3.1　硬度

硬度是评定金属材料力学性能常用的指标之一，包括维氏硬度、布氏硬度、洛氏硬度、肖氏硬度和里氏硬度等，其中最常用的是维氏硬度、布氏硬度和洛氏硬度。

维氏硬度：利用正四棱锥金刚石压头，硬度检测结果（HV）与试验力和压痕表面积有关。这种方法适用于所有材料，尤其是测量薄件硬度。

布氏硬度：用硬质合金球形压头测量，测量结果（HBW）与试验力和压痕表面积有关。这种方法适用于硬度小于 650HBW、非均匀化微观结构的材料，不适用于检测薄件及成品件的表面硬度，或者硬度大于 650HBW 的情况。

洛氏硬度：用金刚石圆锥压头测量，检测结果（HRC）数值与压痕深度有关。这种方法适用的硬度范围为 20~70HRC。测量层的壁厚必须要大于压痕深度的 10 倍。

硬度反映的是材料抵抗压入、浸入和渗入的能力，这种抵抗力取决于材料的组织结构以及碳化物的存在形式。从理论上来说，硬度与其他力学性能，如抗拉强度、延伸率及抗冲击性能等没有关系，但实际上大多数金属材料的硬度与抗拉强度有相对的正比关系。

具有最高硬度的显微组织是马氏体，尤其是没有回火的马氏体。马氏体的硬度取决于基体的碳含量，即总碳含量减去碳化物中的碳和石墨析出的碳（铸铁中的游离石墨）。

当碳含量小于 0.6%（质量分数，后同）时，硬度随碳含量的增加而增大；当碳含量大于 0.6% 时，硬度几乎保持不变，见图 8-5 和表 8-1。从图中可以看出，有球状碳化物（渗碳体）的珠光体和铁素体的硬度取决于碳含量，但影响程度很小。理论上，碳含量是决定硬度的唯一因素，在工业实际中获得的硬度比这个理论硬度值低大约 5HRC。

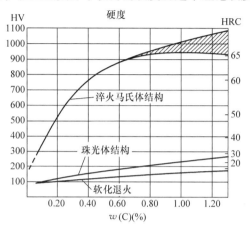

图 8-5　基体组织的理论硬度与碳含量的关系

表 8-1　马氏体理论上可能的硬度值

| $w(C)$（%） | HRV | HRC | $w(C)$（%） | HRV | HRC |
|---|---|---|---|---|---|
| 0.10 | 300 | 31 | 0.70 | 900 | 64.5 |
| 0.20 | 520 | 49 | 0.80 | 925 | 64.5 |
| 0.30 | 650 | 56 | 0.90 | 925 | 64.5 |
| 0.40 | 765 | 60 | 1.00 | 925 | 64.5 |
| 0.50 | 830 | 62 | 1.10 | 925 | 64.5 |
| 0.60 | 890 | 64 | 1.20 | 925 | 64.5 |

（1）必须要考虑的是碳化物在硬度检测上起着主要作用

1）碳化物比马氏体硬，但是量很少。

2）碳化物会降低碳在基体中的碳含量，这会导致马氏体的硬度低于名义化学成分预期的硬度。

3）对于铸铁，总是存在软的游离石墨，有可能发生的事情是形成的碳化物多，导致没有更多的碳析出，但是基体中的碳含量总是大于 0.6%，这样可能形成的马氏体还有最高的硬度。

（2）要考虑检测值的不真实性

1）奥氏体材料（如锰钢）会局部硬化，检测时压头压入会导致微观结构的冷变形，使检测的结果要比实际值高。

2）检测薄层表面硬度会导致侵入整个表面层。由于侵入，检测的结果就是一部分表面层的硬度和一部分基体材料硬度的综合。

3）对于有许多碳化物的材料，检测结果是基体硬度和碳化物硬度的综合。这一定

是使用压入和侵入的范围相对较大的检测方法（如布氏硬度）。

## 8.3.2　淬透性

淬透性是对为抑制金属相变以获得最高硬度所必需的冷却速度的一种度量方法。淬透性主要取决于金属材料的化学成分和冷却速度。

1）化学成分：连续冷却转变图表明金属显微组织结构受合金元素的影响。材料中的合金元素含量越高，则铁素体、珠光体和贝氏体区域右移的越多，因此在冷却过程中就越容易避免形成这些组织，使淬透性增加，但合金化越高，马氏体转变开始的温度越低，获得100%马氏体就越困难。两种影响相互矛盾，因此合金化要综合考虑。

2）冷却速度：快速冷却可获得100%的马氏体基体组织。冷却速度是一个系统值，这就意味着它主要取决于铸件的壁厚、体积和冷却介质的量。厚断面比薄壁冷却慢，冷却越快，产生的应力就越大，应力越大，产生淬裂的机会就越大。因此，建议选择合适的金属材料的化学成分，这样其平均冷却速度将足以获得所需的组织结构（最好选择油或较好的空气硬化材料）。

评估：

金属材料的淬透性可用末端淬透性试验进行评估，它是将圆柱试棒加热到高于 $Ac_3$ 温度，对试棒的一端喷水淬火；当试棒完全冷却后，在棒的长度方向测定硬度，如图 8-6~ 图 8-9 所示。

图 8-6　末端淬透试棒

图 8-7　末端水淬透试棒

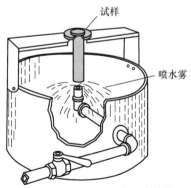

图 8-8　Jominy 端淬试验装置

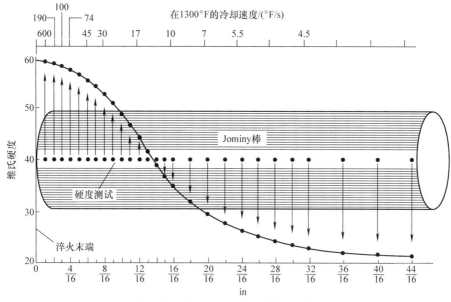

图 8-9　试棒长度方向上的硬度检测

### 8.3.3　相关数据

各种硬度检测、硬度与其他性能之间关系有着不同的描述。重要的是要认识到，对每种材料，这些性能的相关性是不同的，必须要检查其有效性；这些关系从来不是完全正确的，只是接近实际。

1. 硬度计算

1）灰铸铁硬度 HBW 与压头直径和共晶度（$Sc$）有关。

$$HBW\,(7.5) = 349.5 - 75\,Sc$$
$$HBW\,(10\,) = 390.5 - 135\,Sc$$
$$HBW\,(15\,) = 422.0 - 190\,Sc$$
$$HBW\,(20\,) = 446.0 - 230\,Sc$$
$$HBW\,(30\,) = 465.0 - 270\,Sc$$
$$HBW\,(60\,) = 514.0 - 350\,Sc$$
$$HBW\,(90\,) = 558.5 - 415\,Sc$$

（8-2）

式中，$Sc = w(\mathrm{C}) / \{4.3 - 0.33[w(\mathrm{Si}) + w(\mathrm{P})]\}$

2）珠光体灰铸铁硬度的计算为

$$HBW = 444 - 71.2w(\mathrm{C}) - 13.9\,w(\mathrm{Si}) + 21\,w(\mathrm{Mn}) + 170\,w(\mathrm{P})$$

（8-3）

2. 抗拉强度与硬度的关系

$$抗拉强度 = 硬度\ HBW \times A$$

（8-4）

式中，$A$ 为系数，见表 8-2。

表 8-2  系数 $A$ 值

| 材料 | $A/(kgf/mm^2)$ | $A/MPa$ |
|---|---|---|
| 碳素钢 | 0.36 | 3.53 |
| 高合金铬锰钢 | 0.35 | 3.43 |
| 合金钢 | 0.34 | 3.34 |
| 铸铝 | 0.26 | 2.55 |
| 铝铜镁合金 | 0.35 | 3.43 |
| 铝镁合金 | 0.44 | 4.32 |
| 镁 | 0.43 | 4.22 |
| 铸铜 | 0.23 | 2.26 |
| 轧制的青铜和白色合金 | 0.22 | 2.16 |

注：灰铸铁 HBW = 100 + 4.3 $R_m$，$R_m$ 是理论抗拉强度，单位为 kgf/mm²。

**3. 马氏体铸铁的硬度计算**

对于铬镍铸铁（铁镍冷硬铸铁）和高铬合金铸铁（铬含量大于 15%, 其余为钼镍），使用以下公式计算其硬度是有效的。

依据 ASTM18 测量 HRC，则

$$HBW = 0.363\,(HRC)^2 - 22.215\,(HRC) + 717.8 \tag{8-5}$$

依据 ASTME92 测量 HV，则

$$HBW = 22.89 + \frac{HV}{1.136} \tag{8-6}$$

表 8-3 列出了铬镍铸铁各种硬度的换算关系。

表 8-3  铬镍铸铁各种硬度的换算关系

| HV50 | HB30 | HRC | HV50 | HB30 | HRC |
|---|---|---|---|---|---|
| 1000 | 857 | 70 | 680 | 576 | 57 |
| 980 | 840 | 69 | 660 | 558 | 56 |
| 960 | 822 | 68 | 640 | 541 | 55 |
| 940 | 804 | 68 | 620 | 523 | 54 |
| 920 | 787 | 67 | 600 | 505 | 53 |
| 900 | 769 | 66 | 580 | 488 | 52 |
| 880 | 752 | 66 | 560 | 470 | 51 |
| 860 | 734 | 65 | 540 | 452 | 50 |
| 840 | 717 | 64 | 520 | 435 | 48 |
| 820 | 699 | 63 | 500 | 417 | 47 |
| 800 | 681 | 62 | 480 | 400 | 45 |
| 780 | 664 | 62 | 460 | 382 | 44 |
| 760 | 646 | 61 | 440 | 364 | 42 |
| 740 | 629 | 60 | 420 | 347 | 40 |
| 720 | 611 | 59 | 400 | 329 | 38 |
| 700 | 593 | 58 | 380 | 312 | 35 |

### 4. 硬度与温度

硬度和抗拉强度都随温度的升高而降低，降低的多少与所用材料有关。很少有文献资料报道材料的高温硬度数值，或者是在高温保持一段时间后的最终硬度数值。大多数铁合金（铸钢和铸铁）的硬度直到 200℃都会保持不变，高于此温度时将有所降低。

1）硬化和淬火材料在温度高于回火温度时硬度会降低，且降得很快。如果材料温度回到室温条件，则硬度也会比原始的硬度低。

2）一些高合金钢和铸铁在一定的温度区间（600~700℃）停留会变硬，原因是形成碳化物和 σ 相。如果温度达不到分解温度（碳化物或 σ 相），这些组分会依然存在，回到室温后硬度也还是较高。

3）如果温度高到发生奥氏体转变，硬度在该温度下会快速地下降。在冷却过程中，奥氏体（γ 相）又会转化为另一种结构（α 晶体结构），硬度与加热前没有明显的区别，除非形成软一些的组织。通常材料是不允许被使用在如此高的温度下。

4）对于有残留奥氏体的材料，在低温停留硬度会稍有增加。这是因为残留奥氏体会部分地或全部地转化为马氏体，马氏体是在室温存在的结构。

## 8.4 连续冷却转变图

大多数错误或导致致命的缺陷（开裂，断裂）都是在热处理冷却这个阶段发生的，做好冷却阶段的检查是非常重要的，连续冷却转变图是最好的检查工具。连续冷却转变图显示材料在一定的连续冷却过程中会形成哪一种组织结构，每种材料都有自己的连续冷却转变图，如图 8-10 和图 8-11 所示。图 8-12 所示为 $w$（C）=0.75% 的钢的连续冷却转变图。

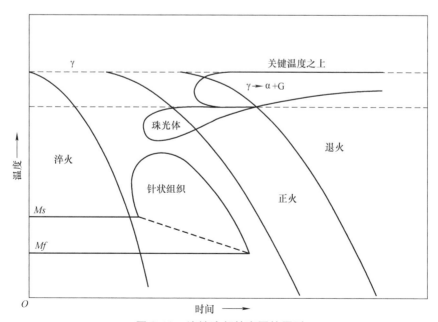

图 8-10　连续冷却转变图的原则

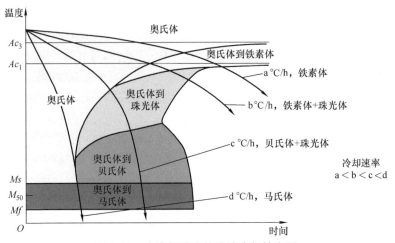

图 8-11　有冷却速度的连续冷却转变图

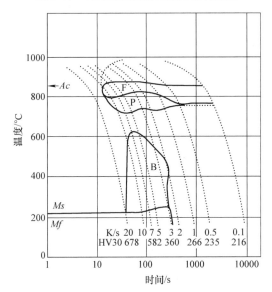

图 8-12　*w*（C）=0.75% 的钢的连续冷却转变图

F—铁素体　P—珠光体　B—贝氏体

连续冷却转变图（见图 8-11）包括线性坐标轴 *y* 轴（温度）和对数坐标轴 *x* 轴（时间）；材料的组织结构区域，即铁素体、珠光体、贝氏体、马氏体和奥氏体；曲线 a、曲线 b、曲线 c 和曲线 d 为冷却曲线，冷却曲线的末端是可达到的硬度（HV）（见图 8-12），有时候还给出冷却速度℃ /s。

*Ac*$_3$：亚共析钢加热时上临界点温度，当高于此温度时只有奥氏体存在。

*Ms*：马氏体转变开始温度。

*Mf*：马氏体转变终了温度，表示在此温度奥氏体全部转化为马氏体。

*Ac*$_3$ 和 *Ms* 可根据化学成分通过公式计算出来。不同的金属材料，如铸铁、碳素钢

和低合金钢，其计算公式是不同的。对同一种材料，公式稍有区别，但计算结果几乎是相同的，也可以应用于浇注后的冷却过程。

$Ms$ 的计算公式如下：

史蒂文和海恩斯公式为

$$Ms = 561℃ - 474\,w(C) - 33\,w(Mn) - 17[\,w(Cr) + w(Ni)] - 11[w(Mo) + w(W) + w(Si)]$$

$$（8-7）$$

ASM（美国金属协会）公式为

$$Ms = 538℃ - 361w(C) - 39\,w(Mn) - 19\,w(Ni) - 39\,w(Cr)　　　（8-8）$$

高合金钢（铬钢）公式为

$$Ms = 502℃ - 810\,w(C) - 1230\,w(N) - 13\,w(Mn) - 30\,w(Ni) - 12\,w(Cr) -$$
$$54w(Cu) - 46\,w(Mo)　　　（8-9）$$

$Mf$ 温度比 $Ms$ 温度低 165~245℃，因此通常使用式（8-10）进行计算，即

$$Mf = Ms - 215℃　　　（8-10）$$

由图 8-12 可知，如果取冷却结果是 216HV，则组织是 100% 的铁素体；冷却结果是 266HV，估算获得的组织是 25% 的铁素体和 75% 的珠光体；冷却结果是 582HV，估算获得的结构是 5% 的铁素体，20% 珠光体，70% 贝氏体和 5% 的马氏体；冷却结果是 678HV，将得到 100% 的马氏体（如果 $Mf$ 高于室温）；

这些百分数（除马氏体和奥氏体外）大都显示在连续冷却转变极限曲线包含的区域，总和是 100%，这样就可以预估马氏体和奥氏体的比例。

## 8.5 热处理类型

### 8.5.1 正火

正火是将铸铁或钢从临界温度范围以上气冷，即将材料加热到奥氏体区域（大于 $Ac_3$），在此温度停留足够长的时间，直到只有奥氏体存在，然后在静止的空气中冷却，如图 8-13 和图 8-14 所示。正火处理使材料的晶粒得以细化、均匀化。正火处理用于铸铁件，主要是为了得到比铸态或退火更高的硬度和强度。典型的正火产生细化的珠光体基体，具

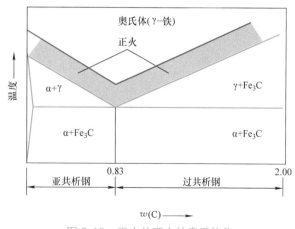

图 8-13　正火处理中的奥氏体化

有良好的耐磨性和适度的机械加工性能。铸钢件大多在浇注后要进行正火处理，以改善铸态组织结构。

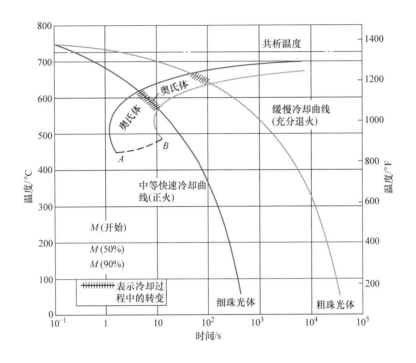

图 8-14　正火处理中的冷却

正火时不能用强制空气（风扇）和带水空气冷却，因为这种冷却是淬火，如图 8-15~图 8-17 所示。实际生产中许多热处理设备都带有鼓风机，这点需要特别予以注意。

图 8-15　正火炉使用的可移动台车和
顶部强制空气（鼓风机）功能

图 8-16　带有强制空气（风扇）功能的正火炉

图 8-17　不带强制空气冷却的正火炉

## 8.5.2　硬化

硬化处理是将材料加热到奥氏体区域（高于 $Ac_3$），然后快速冷却，以使表面获得比断面中心含有更多的马氏体组织，断面中心的马氏体应不小于 50%，最好没有铁素体和珠光体，贝氏体组织是可以接受的。通过硬化处理，提高了铸件的硬度但降低了延展性，如图 8-18 所示。通过合金化，可减低铸件表面与断面中心的硬度差，良好的硬化应使材料的硬度差更小。硬化处理可达到的实际硬度由加热和加热持续时间控制，获得的最大硬度仅取决于材料的碳含量水平。经硬化处理的铸件，尤其是结构复杂的铸件，会存在很大的应力，在其使用条件下会有危险。因此，需要进行回火，或者至少是去应力处理。回火温度越高，最终硬度越低，延展性越高，应力越小。硬化处理（主要是通过淬火，但无论如何要形成贝氏体或马氏体）后必须要接着进行回火处理。

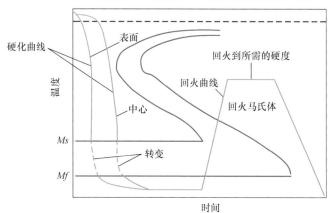

图 8-18　硬化和回火曲线

## 8.5.3　淬火和回火

这种处理可增加材料的强度并最大限度地保持较好的延展性。它是将材料加热到奥氏体区域（高于 $Ac_3$），然后进行冷却，主要获得马氏体和贝氏体。依据材料的化学成分和所需的性能，淬火可以在水、油、熔盐浴中进行，以得到理想的淬火显微组织——马氏体，如图 8-19~ 图 8-22 所示。

图 8-19　淬火水槽

图 8-20　铸件淬火

图 8-21　淬火油槽

图 8-22　水雾淬火

　　重要的是淬火后的回火，通过回火修复淬火后降低的延展性。这里的回火温度比硬化处理的回火温度更高些；同样，冷却速度通常也可稍低些，因为存在贝氏体组织是被允许的。关于材料心部和表面性能的差异控制，硬化处理的相关要求同样是有效的。无论如何，最好使材料性能差别尽可能小，为此往往需要较高的合金化处理。

## 8.5.4　回火

　　回火处理能使材料在淬火后具有较高的延展性，同时降低残余应力，但会引起硬度的下降。具有马氏体组织的必须进行回火，贝氏体组织通常也需回火，铁素体和珠光体组织不需要回火。回火处理指将材料加热到 275~700℃，保温 2~4h 后空冷或风冷、油冷、水冷。加热温度越高，材料抗拉强度和屈服强度越低，但是延伸率和冲击值越高。这一温度范围的回火处理同时也是去应力退火。

　　需要注意的是，在 425~500℃温度回火会产生回火脆性，尤其是铬钢（即使铬含量很低），这会导致产生与增加延展性目标相反的结果。铬钢的回火脆性可通过钼合金化得以减弱。

## 8.5.5　二次硬化

　　二次硬化通常用于回火处理过程中的硬度提升，它是将残留奥氏体转化为贝氏体或珠光体，这两种组织都比奥氏体的硬度高，从而使材料的硬度会有轻微的提升，因此称为二次硬化。这种处理要求 *Ms* 应高于室温，而 *Mf* 必须要低于室温，如图 8-23 所示。残留奥氏体转化为贝氏体或珠光体取决于温度和回火处理时间。这种方法常用于处理工具钢。

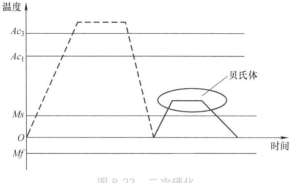

图 8-23　二次硬化

## 8.5.6　去应力退火

去应力退火的目的是消除浇注、焊接、加工、变形和加热等操作过程中产生的铸件内部应力。它是将铸件加热到一定温度而不引起组织转变，铸件在该温度停留一定时间后以均一方式冷却到室温，如图 8-24 所示。这对于具有不同断面的铸件非常重要。

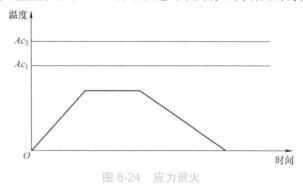

图 8-24　应力退火

应力消除的多少由退火温度和保温时间决定。下列 Larson-Miller 公式是有效的。

$$应力降低（\%）= T(\log t + 20)(10^{-3}) \tag{8-11}$$

式中　　$T$ ——温度（°K）；

　　　　$t$ ——时间（h）。

由式（8-10）可以看出，温度参数对应力降低的程度具有极大的影响：700℃，6h，应力降低 99%；500℃，6h，应力降低 75%；700℃，1h，应力降低 90%；560℃，1 h，应力降低 75%；500℃，1 h，应力降低 65%。

要注意避免在一些温度区间进行处理，这些温度区间会对性能产生负面影响。

1）铬合金钢，425~500℃：475℃产生脆性，加入含量为 0.25~0.75% 的钼合金会降低风险。

2）奥氏体钢（锰和铬镍不锈钢），600~800℃：在这个区域形成碳化物，产生脆性。

3）高铬合金钢，650~850℃；形成 σ 相，产生脆性，降低耐蚀性。

### 8.5.7 软化退火

软化退火使材料达到尽可能软的状态，通常是为了获得较容易的机械加工性能（车削、槽成形、冷弯或变形等）。这种处理方法是将材料加热到刚好低于 $Ac_1$ 温度（奥氏体开始转变温度），保持足够长的时间后，贝氏体、马氏体和珠光体会全部或部分溶解，转换为铁素体或石墨（铸铁）或球化铁素体（如果是铸钢），如图 8-25 和图 8-26 所示。铁素体（铁素体加石墨）结构是非常软的。

软化退火大多用于低温球墨铸铁的处理上，称为铁素体化。铁素体组织不仅软，而且延伸率最高（可达到 22%），并且铁素体在 450℃以下具有稳定的力学性能。

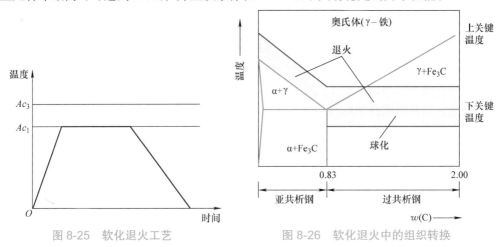

图 8-25　软化退火工艺　　　　图 8-26　软化退火中的组织转换

### 8.5.8 碳化物溶解退火

这种热处理通常用于奥氏体钢的处理，它是将材料加热到一定温度，溶解碳化物，使碳溶入奥氏体内。对于非奥氏体材料，这个温度是 $Ac_3$ 以上 100~150℃；对于奥氏体材料，这个温度是 1000~1150℃。为避免奥氏体晶粒增长对延展性的负面影响，在这个温度上的保温时间要尽可能短。在高温停留后，降到 $Ac_3$ 以下 25~50℃（奥氏体区域），这样就形成了较软的铁素体，碳化物也溶解成为球状如图 8-27~ 图 8-29 所示。

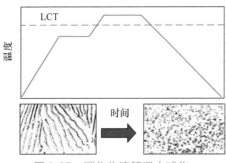

图 8-27　碳化物溶解退火球化

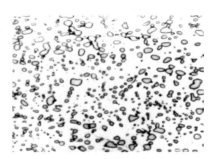

图 8-28　球化后的组织

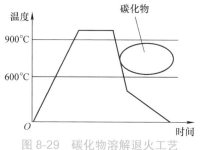

图 8-29　碳化物溶解退火工艺

## 8.5.9　低温处理（过冷）

硬化处理（见图 8-30 中的虚线）后，会依然存在残留奥氏体，这可能是由于硬化过程中冷却过快和 $Mf$ 温度低于室温的情况下造成的。如果在较低温度下直到冷却 $Mf$ 温度，残留奥氏体会转化成马氏体。这种处理方法可以容易地在流动气体中冷却。当奥氏体转化成马氏体完成后，工件可在敞开的空气中回到室温，如图 8-31 所示。

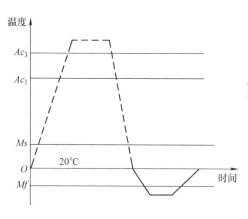

图 8-30　低温处理工艺

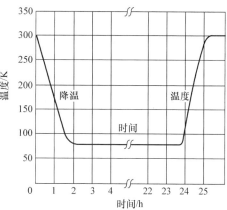

图 8-31　工件的低温处理

## 8.5.10　马氏体等温淬火（硬化）

这种热处理是将材料加热到某一温度（高于 $Ac_3$），在此温度下组织转化为奥氏体；然后将材料快速冷却到 $Ms$ 以上但不进入连续冷却转变图中的珠光体或贝氏体区域，在此温度保持一定时间，直到材料表面和心部温度相同（保温期间也不能接触到贝氏体区域），随即冷却到 $Mf$ 以下；最后再进行温度足够高的回火处理。

改进的方法是使材料缓慢穿过马氏体区域，以产生平稳的转变，降低相变应力并可避免产生淬火裂纹，如图 8-32 所示。这种处理方法需要盐浴或液体淬火以确保使温度能够保持在 $Ms$ 温度之上。

### 8.5.11　奥氏体等温淬火

奥氏体等温淬火是将材料快速冷却到 $Ms$ 以上而不进入连续冷却转变图的珠光体区域，材料在这个温度下保温直到其表面和心部温度相等，保持这一温度直到贝氏体相变全部完成，从而得到不需要回火的具有中间硬度的显微组织，如图 8-33 所示。

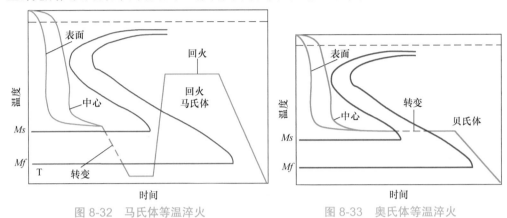

图 8-32　马氏体等温淬火　　　　　　　图 8-33　奥氏体等温淬火

大多数铸铁件都有适合的连续冷却转变图。图 8-34 所示为具有图中所示化学成分的非合金化球墨铸铁的连续冷却转变图。

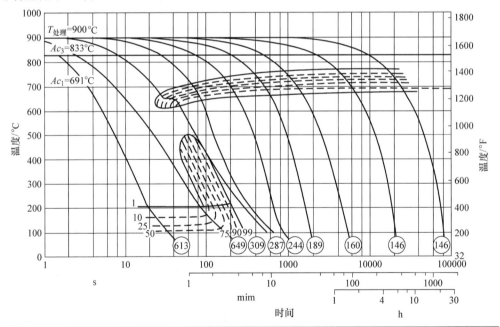

| 化学成分（质量分数，%） | | | | | | | | |
|---|---|---|---|---|---|---|---|---|
| C | Si | Mn | P | S | Cr | Ni | Mo | Mg |
| 3.59 | 2.71 | 0.29 | 0.024 | 0.007 | 0.04 | 0.03 | 0.02 | 0.034 |

图 8-34　非合金化球墨铸铁的连续冷却转变图

奥氏体等温淬火的特点：

1）快速冷却引起的残余应力小，且没有马氏体转变应力，因此不需回火，但通常还是会有要求的。

2）可同时获得较高的硬度、强度和延展性。

3）没有残留奥氏体的危险。

## 8.6 总结

热处理不是总是必要的！标准中有几种材料是可以不用热处理的，如普通灰铸铁，对其他材料，根据标准要求必须进行热处理，甚至要提交证明（包括实际的温度 - 时间曲线），显示所需的处理得到正确的执行。

热处理的选择和执行需要设计者和铸造厂达成一致协议。铸造厂采用热处理也可能是因为铸造的结果不能令人满意，例如，在奥氏体不锈钢中出现很高含量的碳化物，铸造厂试图用额外的热处理来纠正这个问题，这样的额外热处理由铸造厂负责，但必须确保符合特定的标准，并保证额外的处理不能对铸件以后的使用产生负面影响。

热处理也可以应用于铸件修复中，这种处理方法将在本书第 10 章"铸件修复"中进一步讨论。热处理也可以是铸件结构焊接的一个生产工序，这通常是由其他专业公司来完成，而不是铸造厂。

铸铁和铸钢热处理的示例。

1）片状石墨铸铁：去应力退火、去碳化物退火。

2）球墨铸铁：去应力退火、铁素体化、去碳化物退火和等温淬火。

3）合金铸铁：去应力退火、淬火 + 回火、软化退火、溶解退火、分级淬火和等温淬火。

4）碳素钢和低合金钢：去应力退火、正火、淬火 + 回火。

5）高合金钢：去应力退火、正火 + 回火、淬火 + 回火和软化退火。

6）奥氏体钢：硬质合金溶解。

注意：任何热处理会增加成本，降低成本的措施通常是选择高合金材料，因此设计师和铸造厂必须一起选择材料和热处理。

# 第9章

# 铸件的技术条件、检验和试验

## 9.1 简介

"检验"的定义是评定铸件和金属材料的特性与性能是否符合规定的要求。检验必须根据由所有涉及方面批准的标准化方法进行。质量要求可以依据最新的欧洲标准EN 1559：

EN 1559-1 铸造 – 交货技术条件 – 第 1 部分：总则。

EN 1559-2 铸造 – 交货技术条件 – 第 2 部分：铸钢件的其他要求。

EN 1559-3 铸造 – 交货技术条件 – 第 3 部分：铸铁件的其他要求。

EN 1559-4 铸造 – 交货技术条件 – 第 4 部分：铝合金铸件的其他要求。

EN 1559-5 铸造 – 交货技术条件 – 第 5 部分：镁合金铸件的其他要求。

EN 1559-6 铸造 – 交货技术条件 – 第 6 部分：锌合金铸件的其他要求。

铸件检验通常分成三组：铸件特性检验、金属材料性能试验和描述与服役条件相互作用的性能。检验的种类由买卖双方协商决定，建议使用国际公认的标准，欧洲标准（EN）和美国标准（ASTM）是最常用的。

这些标准通常还要求检验人员通过特定的认证，检验人员只有满足这些认证要求方可获得认可资格，根据认证证书等级，训练有素、具有丰富的理论和经验的检验人员才能开展特殊的检验。

检验要花费用，检验越复杂，产生的费用就越高昂。要规定需要哪些种类的检验，以及这些检验应到怎样的程度才是比较合理的。只检查由设计者采用的或是顾客所要求的性能是明智的做法。

铸件都必须按照认证检验机构的"规定"生产（如船舶部件根据劳埃德船级社规范）。这些机构有严格的规定并要求对每个采用的铸件进行检验。

## 9.2 质量体系

### 9.2.1　简介

为了优化检验的种类、数量（频率）和价值，下面几点是非常重要的：

1）哪些性能是波动的，波动的范围，如尺寸。

2）铸造的难点，例如铸件 X 型壁连接处收缩问题或硬质材料壁连接处（热节）的裂纹。

3）检验系统的优势与劣势：例如检验表面裂纹采用超声检测的准确度就不如利用液体渗透检测或磁粉检测。

4）如果是由人来操作，没有检验可以保证零缺陷，因为每个人都会犯错。

检验结束后，如果结果不能令人满意（符合要求或期待值）应采取行动。需要使用统计方法来判断检验结果，并采取有效的措施。

"首件"或"试验件或小批验证件"的重要性非常高，首件检验将是批量生产质量的可靠保证。

良好的质量体系是一个不仅仅依赖于最终检验的系统。要获得良好的产品质量并保持没有持续昂贵的终检，就必须依靠有效的质量管理"系统"，其管理方法和控制程序能够减少对终检的依赖，努力实现零终检率。质量体系要保证在任何情况下允许减少检测，而不增加将不合格产品交付给客户的风险。

良好的质量管理体系的基础由 3 个因素组成：

1）清楚地描述所有执行的操作和相关的责任，并且必须由所有相关方知晓。

2）每个人检查自己的工作和先前生产步骤中所做的工作。每一工序是下一工序的供应商，是前一工序的顾客。所有的操作和结果要进行存档，所有相关方可以进行协商。

3）在质量清单手册中确定指令、职责、数据等，这个质量手册将是现有知识的来源，指导在公司有经验的工人、新员工如何工作。

公司要依据国际标准（如 ISO 9001）或根据客户标准进行质量体系认证。获取和维护这些认证需要全员不断的努力，公司必须执行常规的"内部审核"，以确保系统持续有效运行。认证机构（外部审核）将授予 2~3 年有效期的证书，他们将定期进行复审。认证证书并不能保证所有的铸件都会有良好的质量，如果体系（工作方式）是不正确的（如由于知识的缺乏），结果将是系统性的"不足"，这令人非常沮丧。因此有必要进行"体系改进"，就是在每次不合格后（甚至不符合内部要求）立即采取措施并针对每一个措施的结果进行重新检测。

### 9.2.2　体系改进

最常见的体系改进和过程控制方法是 PDCA 循环（见图 9-1），其简要描述如下：

策划（Plan）：测量现状、体系及其过程的改进目标与实施改进的措施，配备所需资源。

实施（Do）：实施策划。

检查（Check）：根据目标对改进进行检查和测量，报告结果。

处置（Action）：采取措施巩固和提升效果。

图 9-1　PDCA 循环

为了获得最大的效用，避免以后再做无效的工作，将措施和结果进行存档是非常重要的；相关方同样是重要的，包括客户、设计师、销售人员、生产员工、检测人员等；使用的知识、经验和选择的方法也很重要。这些方面做得越好，所采取措施的成功机会就更大。

为提高管理体系的效率，需要运用统计科学，过程特性参数检测结果往往会展示出典型的正态分布曲线，通过在这些曲线上设定所需控制极限，就能计算出不符合的概率。这是一个判断是否有必要采取进一步措施的基础。正态分布曲线如图 9-2 所示，通过良好地控制过程，曲线会变的更高、更窄，如图 9-3 所示。

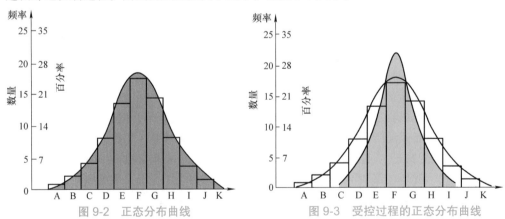

图 9-2　正态分布曲线　　　　图 9-3　受控过程的正态分布曲线

从统计角度：标准方差越小，越多的结果接近平均值（控制中心值），也意味着结果超出控制范围的几率减少了。

越来越多的客户要求结果的可靠性和一致性，并保持在一定的误差范围内。

常用的控制工具之一是六西格玛法，六西格玛是一种计量每 100 万次操作中所犯错误的计量单位，错误的次数越少，质量越高。一西格玛意味着 68% 的合格率，三西格玛表示 99.7% 的合格率，六西格玛是最高的目标，表示 99.999997% 合格，即每百万次操作只发生 3.4 次失误。质量改进的六西格玛法要求建立项目组，通过严格的五个步骤（DMAIC）达到六西格玛水平：①定义（Definition）②测量（Measurement）；③分析（Analysis）；④改进（Improvement）；⑤控制（Control）。

### 9.2.3　设备和工具校准

质量系统依赖于检测，以验证结果与内部和外部（客户）的规范匹配性。如果测试设备没有正确地校准，那么结果就不能在认证中使用。因此，公司要建立每一台检测设备的校准方案并严格执行是非常重要的。不仅设备必须进行校准，一些特定检测程序还需要对操作者进行认证（如无损检测），如果操作者没有得到相应的认证级别，其测试结果禁止应用于产品检验认证。生产检测工具和设备必须正确和及时地进行校准，以确保检验结果符合预期，而这往往会被大多数铸造工厂遗忘。

### 9.2.4　铸件检验程序

#### 1. 检验方式

使用模样铸造生产首件产品时主要是基于图样、知识和铸造厂的经验，初始总会有尺寸和质量上的问题，因此对"样件"进行仔细的检验是非常必要的，通过评估检验结果并改进模样设计和尺寸来保证后续批量生产件的质量。

对于批量生产的小件，首件的质量检验通常采用破坏性检验的方式，如图 9-4~ 图 9-7 所示。对于大件和昂贵的铸件首件检验将以无损方式进行（NDT 检测）。最常用的 NDT 检测是射线检测（RT）、超声检测（UT）、磁粉检验（MT）及渗透检测（PT）。

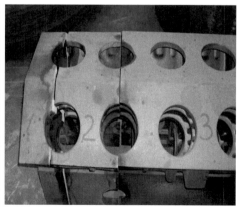

图 9-4　铸铁油缸发动机体破坏性检测　　图 9-5　铸铁 V 形发动机缸体的破坏性检测

图 9-6　铸铁发动机 V 形缸体无损检测　　图 9-7　铸铁发动机 V 形缸体无损检测

　　铸件外观质量包括铸件的尺寸形状、表面粗糙度、表面缺陷等。铸件尺寸需要完整地测量，所有的尺寸都要进行检查，实际测量的尺寸要与要求的尺寸及允许的偏差进行比较。

　　铸件内在质量包括材料的力学性能、化学成分、内部缺陷、显微组织和特殊性能等。对于材料通常进行常规的试验（顾客需求的检测），并在批量生产中也要进行。对于较小的或较便宜的铸件，可从铸件实体上取出试样以获得铸件本体性能与试棒之间的关系。还有一些其他对铸件进行的检测：耐蚀性、磁导率等。

　　2. 检验程序

　　最通用的铸件检验程序如下：

　　1）首个铸件或第一个认证铸件要全面检验。

　　2）首个铸件或试验件合格后的第二个铸件：检测那些第一次检测中结果难以接受的所有重要的性能和特性。重要的性能和特性是那些设计者使用的、使用者要求的和指定的关键区域，关键区域可以标示在图样上或规范表格中。

　　3）第三个铸件是在勉强接受批准的第二个铸件之后的铸件（依据第二个铸件不安全的结果采取措施之后），检测与第二个铸件相同。扩展到批量试验件，直到结果符合安全范围，很多顾客根据质量要求会要求做批量试验件，批量试验件要求的质量水平要高于批量生产件的质量要求。

　　4）批量生产检验：在批量试验件的结果评估符合安全之后的批量生产件检验。检验集中在重要性能和关键区域，这些要求 100% 检查。其他不太重要的要求可以采用统计检验法（如每五个抽检一个）。所有的检验结果都要与要求及适用的公差范围进行比较。

　　3. 连续生产

　　连续生产有三种可能性：

　　1）结果不满意（不符合要求）。采取措施生产一个新的试验件，重复验证过程，试验件要证明采取措施能消除不合格品。

　　2）结果很难接受（刚好在极限上）。结果非常接近极限值，出现许多不满意结果的几率很大，必须采取措施来加以改善。重点检验所涉及的有勉强接受的性能，其他相匹配的性能做一般检验。

3）结果很满意（符合规范安全极限）。检验结果是在一个正常的范围分布，只要一直是好的就没有理由采取任何行动。

对检验结果尽快进行汇总分析（正态分布曲线），在收集好这些数据之后，就可以采取新的措施来确保所需的结果在一个最小的且安全的范围内，这就是生产过程控制，检测结果的分布符合目标正态分布，从而得到最低的不合格率。

关键项目 VT 检测指导书见表 9-1，关键项目 MT 检测指导书见表 9-2。

表 9-1　关键项目 VT 检测指导书

| 检测区域 | 可允许的缺陷 |
| --- | --- |
| 完整的叶片 | 不允许有裂纹或类似的缺陷 |
| 区域 1 | 缺陷最大尺寸为 2mm；缺陷最大深度为 2mm<br>相邻缺陷之间的最小距离为 25mm<br>每 100cm$^2$ 的缺陷数量 < 5 |
| 区域 2 | 缺陷最大尺寸为 4mm；缺陷最大深度为 3mm<br>相邻缺陷之间的最小距离为 10mm<br>每 100cm$^2$ 的缺陷数量 < 10 |
| 区域 3 | 缺陷最大尺寸为 10mm；缺陷最大深度为 3mm<br>相邻缺陷之间的最小距离为 20mm |

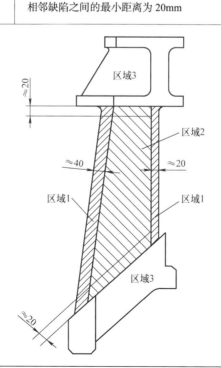

表 9-2 关键项目 MT 检测指导书

| 检测区域 | 可允许的缺陷 |
| --- | --- |
| 完整的叶片 | 显示为裂纹或类似裂纹的缺陷是不允许的 |
| 区域1 | 单个显示最大长度为 10mm；每 100cm$^2$ 允许缺陷数量最大是 5；边缘周围不允许有线性缺陷显示 |
| 区域2 | 单个线性显示最大长度为 15mm |

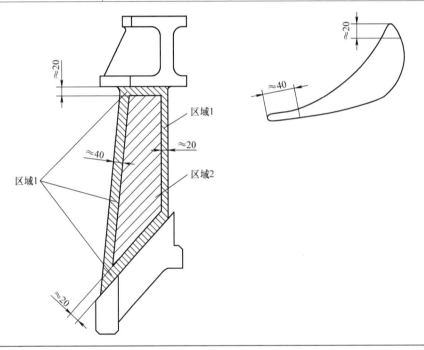

## 9.3 铸件质量

### 9.3.1 简介

  铸件质量的重要属性包括：金属材料的力学性能、尺寸精度、健全性（材料的均匀性和致密性）、表面状况和可能的渗透性（气密性、非渗漏）。所有这些属性都要检验以评定铸件质量是否符合规定的要求。铸件广泛应用于各种工程场合，以至于采用统一标准的技术条件以适应所有铸件是不实际的，特别是对于铸件的表面质量、尺寸精度和加工余量等没有普遍可接受的标准，在金属材料方面已有若干标准技术条件。

### 9.3.2 常规材料标准

  每种铸造金属材料都有"通用标准"，一些材料只适用于某种应用的标准，这一类标准通常是化学成分和特殊的要求，是对服役零件的最高要求。

下面是通用标准：

ASTM A 703 铸钢件标准规范，压力容器的一般要求。

ASTM A 781 一般工业用常规要求。

ISO 4990 铸钢件一般交货技术要求。

EN 1559-1 铸造 – 交货技术条件 – 第 1 部分：总则。

EN 1559-3 铸造 – 交货技术条件 – 第 3 部分：铸铁件的其他要求。

EN 10293-1 和 3 通用机械用铸钢件。

对于铸钢件的化学分析，可以应用下面的标准：

ASTM A 751 钢制品化学分析的方法、试验操作和术语。

铸铁对化学分析没有特殊要求，而是由铸造厂决定。

## 9.3.3　尺寸检测

### 1. 简介

铸件通常使用同一模样制造（直到模样磨损需要维修或报废），准确测量试验件的尺寸并正确地评估（涉及公差范围）是十分重要的。随后的验证件和生产抽检件的尺寸检测结果必须是在规定的公差内，符合率要尽可能的高（符合顾客要求的百分比，可能会是 100%）。

显然铸件尺寸精度很大程度依赖于模样的设计质量，包含模样结构、型芯间隙以及模样和芯盒的质量状况。铸件尺寸的偏差范围通常比型芯间隙大，除非在组芯过程中采取了特殊的措施。尺寸范围也会受过程控制程度的影响，最重要的因素是型砂质量、金属液成分和浇注温度，型芯组合操作也是过程控制的一个重要环节。

铸件最重要的尺寸、关键尺寸，特别是非加工表面尺寸持续受控。同样，那些铸件基准点和基准线必须每次进行检查并关注。

### 2. 标准

铸造尺寸公差标准：

DIN 1680-1 铸造毛坯一般尺寸公差及加工余量。

DIN 1680-2 铸件毛坯一般公差系统。

DIN 1687-3 重金属合金的铸件毛坯。

DIN 1687-4 重型金属合金粗铸件 压力模铸件 第 4 部分：一般公差、加工余量。

DIN 1688-3 轻金属合金的铸件毛坯金属模铸造一般公差、加工余量。

DIN 1688-4 轻金属合金的铸件毛坯 压铸一般公差及加工余量。

旧版 DIN 标准不再允许使用但是它们仍然可以在文献中找到。

DIN 1683 铸钢件。

DIN 1684 可锻铸铁。

DIN 1685 球墨铸铁。

DIN 1686 灰铸铁。

DIN 1687 铜合金。

DIN 1688 轻金属（铝）。

### 3. EN ISO 8062

欧洲标准 EN ISO 8062（铸件尺寸公差和机械加工余量系统）对于所有铸造材料和所有铸造成形方法是有效的。此标准由两部分组成：第一部分展示了与公称尺寸相关的公差等级；第二部分展示了与成形方法相关的公差等级。这种分级只是象征性的，具体是由顾客和铸造厂共同选择。公差等级的选择由以下因素决定：

1）结构要求。

2）铸件的尺寸规格和复杂度。

3）模样的类型。

4）模样的状况。

5）材料的种类。

6）铸造厂的造型能力。

### 4. 设备

游标卡尺和手动测量工具的使用已经过去。现在通过数字和激光控制设备进行测量，有时候要依据 3D 检测即刻评估结果，如图 9-8 和图 9-9 所示。

特殊的轮廓通过轮廓试验机检测，将实际放大，如图 9-10 所示。圆度可以用图 9-11 所示的设备进行检测。有时候，尤其是公差较大，使用卡板进行检测是可行的，如图 9-12 所示，铸件组装也可以使用卡板，如图 9-13 所示。

特别是大型铸件，所有铸件测试要标识以保证检查尺寸正确且在规范内。有时候铸件要进行预加工以去除表面缺陷，如图 9-14 和图 9-15 所示。

图 9-8　3D 检测（一）

图 9-9　3D 检测（二）

图 9-10　轮廓检测仪

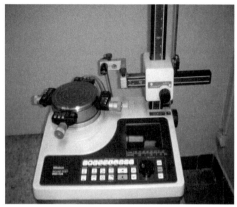

图 9-11　圆度检测仪

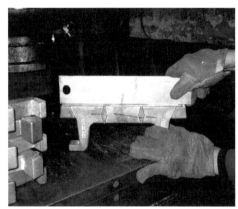

图 9-12　卡板检测

图 9-13　组装卡板检测

图 9-14　标记尺寸检验

图 9-15　尺寸检查并通过预加工移除表面缺陷

5. 铸件的尺寸公差

铸件的尺寸公差是指铸件公称尺寸的两个允许极限（上下限）尺寸之差。在这两个允许极限尺寸之内，铸件可以满足加工、装配和使用的要求。不同生产工艺生产的铸件所能达到的尺寸公差等级是不同的。表 9-3 给出了不同类型铸件（消失模、精密及砂型铸造）的通用公差示例。

表 9-3　尺寸公差　　　　　　　　　　　　　（单位：mm）

| 尺寸公差 /mm | | | | |
|---|---|---|---|---|
| 公差级别 | 铸件公称尺寸 | | | |
| | 25 | 75 | 125 | 175 |
| 消失模铸造（无国际标准） | | | | |
| | 0.175 | 0.250 | 0.300 | 0.430 |
| 精密铸造（ISO 1101） | | | | |
| D1 | 0.30 | 0.60 | 1.10 | 1.50 |
| D3 | 0.20 | 0.30 | 0.60 | 0.90 |
| A1 | 0.20 | 0.35 | 0.70 | 0.90 |
| A3 | 0.15 | 0.25 | 0.40 | 0.55 |
| 砂型铸造（ISO 8062） | | | | |
| CT3 | 0.22 | 0.28 | 0.30 | 0.34 |
| CT6 | 0.58 | 0.78 | 0.88 | 1.00 |
| CT10 | 2.40 | 3.20 | 3.60 | 4.00 |
| CT12 | 4.60 | 6.00 | 7.00 | 8.00 |

## 9.3.4　健全性质量检验

### 1. 简介

铸件质量均匀性是非常重要的，铸造材料是否健全，材料是否有缺陷（体积收缩），或是否有夹杂（夹渣、夹砂、气体）和是否有裂纹产生。没有铸件会有 100% 的均匀和健全，总是会有一些因素会降低铸件健全性质量。在铸件技术条件标准中，缺陷的大小决定铸件质量等级的划分。不同的检验方法都有各自的优缺点，不是所有的方法都可以适用于每一种材料。例如，利用磁力检验奥氏体型不锈钢的裂纹就是不可能的。

### 2. 不合格

铸件的健全程度受体积收缩和夹杂是否存在等因素影响。体积收缩是由于铸造金属的收缩没有得到补偿而造成的材料缺陷，收缩范围可以从 0%（高碳当量的球墨铸铁）到 8%（质量分数为 12% 的锰钢）。收缩缺陷主要是位于材料的截面中心、热节的关键区域（断面连接处）或在冒口下方。材料缺少会降低工作截面大小，因而也降低其强度或载荷能力。

铸件裂纹大多出现在表面，也许开始于材料截面内。因为夹杂物比金属更轻，通常出现在铸件浇注位置的上表面，它们也会出现在铸孔下面，夹杂在上浮期间黏在了砂芯的下端，有时也会出现在铸件拐角位置，因为金属液在这些位置的速率会变为零，漂浮的夹杂物相当于停止并吸附在相应的位置。

大多夹砂是由于铸型和砂芯上砂子掉落或由于金属液的冲蚀（内浇道内的流速太大）造成，如图 9-16~ 图 9-18 所示。夹渣和其他夹杂物是由受污的金属带进来，如图 9-19 所示。

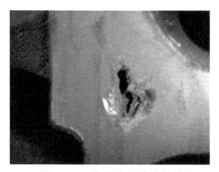
图 9-16　体积收缩造成的缺陷

图 9-17　表面夹砂

图 9-18　机加工后出现的夹砂

图 9-19　气体和夹渣

3. 分级

铸件健全性质量分级别评定，质量级别的描述既适用于材料，也适用于产品。

BS EN 1559–1–2011 铸造 交货技术条件 第 1 部分：通用要求。

BS EN 1559–2–2000 铸造 交货技术条件 第 2 部分：铸钢件的附加要求。

BS EN 1559–3–2011 铸造交货技术条件 第 3 部分：铸铁件的附加要求。

BS EN 1559–4–1999 铸造 交货技术条件 第 4 部分：铝合金铸件的附加要求。

BS EN 1559–5–2017 铸造 交货技术条件 第 5 部分：镁合金铸件的附加要求。

BS EN 1559–6–1999 铸造 交货技术条件 第 6 部分：锌合金铸件的附加要求。

EN 10213 –2016 承压用铸钢件。

ASTM A703/A703M–2014 压力容器用铸钢件通用规范。

EN 10293-2005 一般工程用铸钢件。

评估质量的困难是正确命名和定义。要求"完全地"或"更多或更少"或"无"不合格是不正确的，也不应该使用。因此要根据一种特定的检查方法的结果去描述质量。根据前面提到的"不合格"的存在，一个铸件的质量应该评估为一个确定的级别。

质量级别对于整个铸件是有效的。每个铸件都是特殊的，通常情况下，并不是所有的部位都同样重要（考虑负载），因此不要求相同的质量水平。

质量级别通常按每个部位给出，铸件表面和内部断面可以根据不同的级别来要求。对于壁，从表面到心部可以根据表面下的深度要求不同级别。

选择最高的质量水平通常不是设计师想要的，除非所设计部件关系到负荷的最高安全要求。从经济方面考虑是不推荐最高质量要求。

### 4. 无损检测

对于使用者最可靠的检验是在铸件本体上进行，但是不允许破坏铸件。因此必须要使用不会对铸件产生消极影响的方式进行检验。这种非破坏性的检验方法叫作无损检测（NDT）。对于铸件健全性质量的检验方法，最适合的是超声检测（UT）和射线检测（RT）。每种无损检测有一个"最佳应用领域"，对铸件采用哪种或几种检测方法取决于铸件的重要程度。供应商和客户应对检测方法和要求的质量级别达成一致意见。

（1）超声检测　超声检测主要检测铸件内在质量的健全性。相关的检测和评估程序在国际标准中有很好的定义和描述。超声检测原理和设备如图 9-20 和图 9-21 所示。

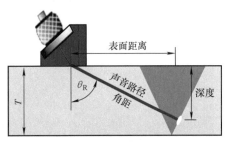

图 9-20　超声检测原理

图 9-21　超声检测设备

超声检测方法可以发现材料内部所有缺陷：裂纹、缩松缺陷、夹渣、内冷铁或芯撑等，但如果一个与表面垂直并且非常狭窄的缺陷（如一个垂直的裂纹）就很难发现，只能用特殊方法或探针测试。表面上和紧挨着表面的缺陷是很难发现的，主要是因为测试探头和铸件之间的接触问题，同样，表面粗糙的工件也会很难检测。

超声检测方法不适合检测灰铸铁或奥氏体材料以及其他不均匀结构的材料（如组织中存在大量碳化物的材料），因为这些材料中石墨、碳化物的存在使得声速降低，材料具有大的阻尼力，吸收了大量的超声能量，难以发现内部的缺陷，特定情况下需要加大超声发射功率和特殊探头以及检验人员大量实践经验，可以发现一些较大的缺陷。另一方面，超声检测变成了球墨铸铁件常见的一种检测。甚至用于评估球化率（通过真正的声速）。

超声检测方法在某种程度上依赖于检测人员的经验，因为没有持久的检测凭证，每一瞬间的检测结果都取决于探头的位置。超声检测还是非常灵活、快捷的检测方法。

超声检测通用标准：

ASTM A609/A609M–2012 碳素低合金马氏体不锈钢铸件的超声波检查规程。

ISO 4992–1–2006 铸钢件 超声波检查 第 1 部分：一般用途的铸钢件。

ISO 4992–2–2006 铸钢件 超声波检查 第 2 部分：高压零件用铸钢件。

EN 12680–1–2003 铸造 超声检验 第 1 部分：通用铸钢件。

EN 12680–2–2003 铸造 超声检验 第 2 部分：高应力零件铸钢件。

EN 12680-3-2011 铸造 超声检验 第 3 部分：球墨铸铁件。

（2）射线检测（RT）　射线检测（需考虑到辐射安全）方法适用于结构形状比较简单的铸件检测，对于结构复杂的铸件、透照厚度大的铸件，一般难以检测，除非采用特殊的措施和设备。对于大型铸件可以只针对重要部位和关键区域进行透照拍片的射线检测。

射线测试方法和评估方法在国际标准中有定义和评价参考图册，其中包含不同断面厚度铸件的所有质量级别和各类型不合格/缺陷。射线测试透照拍片要标示清楚铸件的表面或断面情况。

射线检测原理如图 9-22 和图 9-23 所示。

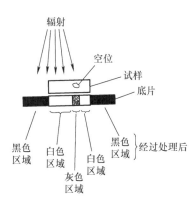

图 9-22　射线检测原理

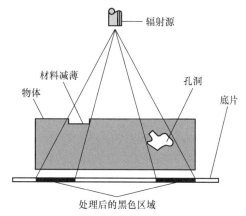

图 9-23　检测显示出断面区别

检测胶片必须由认证操作者与参考图片进行比较，如图 9-24 和图 9-25 所示。

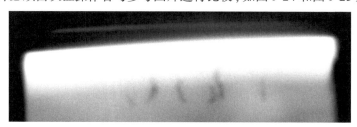

图 9-24　有缺陷的底片

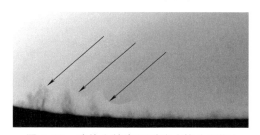

图 9-25　胶片上的表面裂纹（箭头所指）

这种方法的缺点是在胶片上显示了所有的缺陷。因此放射源的位置、铸件和胶片必须确定并详细描述，放射源的选用取决于被检测材料及其断面的厚度。

铸件表面粗糙在胶片显示难于与内部紊乱和缺陷的成像相区别，通常要结合不同断

面深度会产生不同颜色的显示来加以判断，对于非加工铸件，尤其是具有粗糙表面的铸件，建议在铸件旁边评估射线检测胶片，以便评估人员辨别胶片显示是否为表面缺陷。

射线检测依赖于检测者的评估能力，但它可提供持久的凭证供其他认证人员做新的评估。射线检测的底片可以作为认证的一部分。

下面是一些射线检测的常用标准：

ASTM E 390-2011 钢熔焊焊缝标准参考射线照片。

ASTM E 446-2014 厚壁等于和小于 2in（51mm）的铸钢件用标准参考射线照片。

ASTM E 689-2010 球墨铸铁射线检测的参考底片。

ASTM E 94-2004（2010）射线检测的指南。

ASTM E 1030/E1030M-2015 金属铸件射线照相检查试验方法。

ASTM E 186-2010 厚壁（2~4.5in）（51~114mm）铸钢件的基准射线照片。

ASTM E 192-2013 航空用熔模铸钢件的参考射线底片。

ASTM E 242-2001（2010）某些参数改变时射线照相图像显示的标准参考照片。

ASTM E 280-2010 厚壁（4.5~12in）（114~305mm）铸钢件的参考射线照片。

ISO 4993-2015 铸钢件射线检测。

ISO 5579-2013 金属材料的 X 射线和 γ 射线照相检验通则。

DIN EN 12681-1-2018 铸造 射线检验 第 1 部分：底片技术。

DIN EN 12681-2-2018 铸造 射线检验 第 2 部分：数字探测器技术。

MSS SP-54-1999（R2007）阀门、法兰、配件和其他管道部件用铸钢件和锻件的射线检查法。

（3）关于超声和射线检测的结论　所有这些无损检测可以由铸造厂作为内部的生产检验或可作为顾客对产品的检验验证来完成。检测设备和检测人员必须进行定期检查和认证，通常情况每年要取得一次认证证书。超声检测、射线检测和磁粉检测设备必须经过校准，超声检测、射线检测和磁粉检测、渗透检验的检测人员必须经过资格测试获得认证，并满足最低的专业级别和操作时间要求。

1）根据认证级别可进行评估（要求 2 级和 3 级资格人员）或只可检测（1 级资格人员）。有效的认证资格证注有检测员的名字、照片、认证级别和注册号并经本人署名。

下面的标准通常用于资格认证：

SNT-TC-1A 美国无损检测学会的检测实践号。

EN473 无损检测人员资格认证：一般原则。

2）铸铁铸件尤其是低强度片状石墨和马氏体高碳化物含量的铸铁的检验十分困难，这是因为其组织结构不均匀并且有游离的石墨和碳化物。如果用参考图片进行评估，必须很好地检查是否可以用于相关材料，或者质量级别必须与材料相适应。强烈推荐只允许非常有经验的检测人员检测这些材料，特别是结果的评估（需要至少是 2 级资格人员）。

## 9.3.5　表面检验

### 1. 简介

铸件的表面质量划分为两部分：

1）表面完整性，主要涉及夹渣、裂纹等缺陷。

2）表面状况／粗糙度。

表面质量状况可以通过无损检测测试，如渗透检测（PT）和磁粉检测（MT）。这些检测必须要有认证的设备、操作员和检测作业指导书。

表面粗糙度主要靠视觉检测（VT），通过对工件实际表面和标准样板进行比较的方法进行评价。粗糙度测量仪适用于机械加工表面，不适用于铸态条件下的铸件（非加工表面）。表面状况／粗糙度的确定，依赖于测试仪器的光线或眼睛的角度。因此表面状况／粗糙度评估具有部分主观和争议。

### 2. 不符合项

表面质量取决于很多影响因素，在整个铸件的任何部位都达到高质量几乎是不可能的，尤其是厚大壁件。因此推荐将表面质量要求作为协商项目和导向，而不能作为绝对的验收标准。

只有用于食品和药品的精密铸件（失蜡铸造）和压铸件会有严格的要求，并且要使用特殊的检测设备，以避免表面质量问题造成使用过程中的危险。

表面粗糙度取决于：

1）造型类型。

2）造型材料。

3）金属类型。

4）浇注温度。

5）铸件形状。

6）铸型／砂芯使用的涂料、冷铁、冒口等。

表面粗糙度一定程度上主要取决于使用的造型材料和铸造金属材料本身。并不是每一种金属材料都容易浇注成型或具有相同的流动性，材料越容易流动，铸件表面就越平滑。铸造厂用螺旋浇注试样测试材料流动性，螺旋试样的充型长度可以代表材料的铸造性能。金属材料形成氧化物的趋向越高，在浇注和充型期间就越容易形成氧化物。这些氧化物浮起来会严重影响铸件表面质量。有时候，当两股金属流在充型时相遇，氧化物阻止了金属正常混合从而产生冷隔，如图 9-26 和图 9-27 所示。

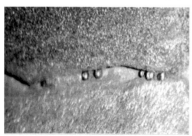

在拐角处出现的冷隔

图 9-26　冷隔缺陷

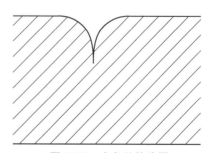

图 9-27　尖角处的冷隔

铸件越重，特别是厚截面处，金属保持液态时间越长，型砂和金属反应将会越严重。铸件表面将会变得粗糙、不美观。

铸件裂纹缺陷分为两类：冷裂纹和热裂纹。

冷裂纹（见图 9-28 和图 9-29）通常是由于马氏体转变应力引起的（在浇注后冷却阶段或热处理后的冷却阶段）。因为裂纹发生在较低温（通常低于 250°），裂纹断面呈白色、有金属光泽。

热裂纹（见图 9-30）通常是由于冷却过程中的收缩受限制（如高强度型砂或冷铁阻碍金属凝固收缩）造成的。高温下金属强度较低，容易变形失效。因裂纹在高温时形成，其断面呈氧化色。

夹杂物主要是夹砂和夹渣。对于有些铸造材料，其表面可形成特定类型的夹杂物，如铝铸件表面的氧化物和球铁表面的镁渣。图 9-31 所示为夹渣非常严重的情况。

图 9-28　冷裂纹（一）

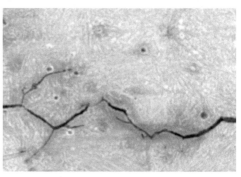

图 9-29　冷裂纹（二）

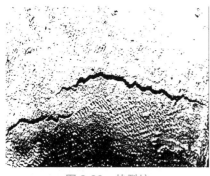

图 9-30　热裂纹

图 9-31　表面夹渣严重

### 3. 渗透检测（PT）

液体渗透检测是一种应用较早的无损检测方法，用来检测铸件表面的开放性缺陷。渗透检测无法检测铸件内部和近表面的非开放性缺陷。裂纹是非常危险的缺陷，增长速度很快，会导致不可预料的断裂，尤其承受扭曲载荷和弯曲载荷的零件必须要仔细检测，以及一些在苛刻环境服役的零件（腐蚀应力危险）也需要很好地检测。

渗透检测与磁粉检测的不同之处：

1）渗透检测可检测的是表面开放性缺陷；磁粉检测可以发现近表面 3mm 的任何缺陷。

2）磁粉检测不能用于非磁性材料，液体渗透检测可以。

　　渗透检测方法是有选择性的，对于铸铁件必须要小心使用，铸铁表面存在游离石墨，渗透检测其铸态表面，可以显示出整个表面多孔的情况。国际标准对渗透检测方法、检测程序、评估结果均有描述。

　　将检测图像（在施加显像剂后的正确时刻拍摄）与渗透检测用标准参考图片进行比较，为渗透检测发现表面缺陷类型和特征是特别有用的。图 9-32~ 图 9-36 为渗透检测示例。

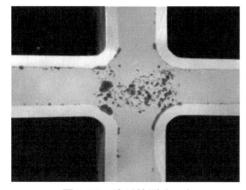

图 9-32　渗透检测（一）

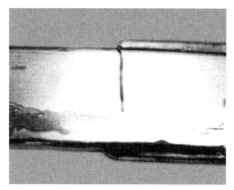

图 9-33　渗透检测（二）

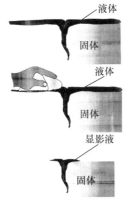

图 9-34　PT 检测原理

图 9-35　检测的铸件

图 9-36　荧光 PT 检测结果

考虑到铸件表面状况，渗透测试实施比较困难，但这种方法可用于所有材料。渗透测试结果必须要在使用显像剂后的一定时间内进行评估，等待的时间越长，检测显示痕迹扩展越大，这会导致误评估。为了避免这种情况，建议在合适的时间进行拍照，最好是彩色照片，这样就可以随后对结果进行评估并可作为产品认证的凭证。

下面是常用渗透检测标准：

ASTM E165/E165M-2012 通用工业用液体渗透检测的试验方法。

ASTM A903/A903M-1999（2012）铸钢件磁粉检测和荧光渗透检验的表面验收标准。

ASTM E433-1971（2013）渗透检测用标准参考照片。

ISO 4987-2010 铸钢件液体渗透检测。

ISO 3452-1-2013 无损检测渗透检测第 1 部分：通用信息。

ISO 3452-2-2013 无损检测 渗透检测第 2 部分：渗透材料的检验。

ISO 3452-3-2013 无损检测 渗透检测第 3 部分：参考试块。

ISO 3452-4-1998 无损检测 渗透检测第 4 部分：设备。

ISO 3452-5-2008 无损检测 渗透检测第 5 部分：渗透试验在高于 50℃ 的温度下进行。

ISO 3452-6-2008 无损检测 渗透检测第 6 部分：渗透试验在低于 10℃ 的温度下进行。

BS EN 1371-1-2011 铸造液体渗透检测第 1 部分：砂铸、重力压模铸和低压模铸法。

EN 1371-2-1998 铸造 液体渗透检测第 2 部分：熔模铸件。

BS EN 1559-1-2011 铸造 交货的通用技术条件。

### 4. 磁粉检测（MT）

磁粉检测是用来发现和确定铸件（铁磁性材料）的表面不合格或缺陷。它能发现材料表面和近表面 3mm 范围内的缺陷，可测试的深度比渗透检测大点。承受扭曲载荷和弯曲载荷的零件必须要仔细检验，以及一些在苛刻环境服役的零件（腐蚀应力危险）也需要很好地检验。磁粉检测是利用磁场做检测。

图 9-37 和图 9-38 所示为磁粉检测。

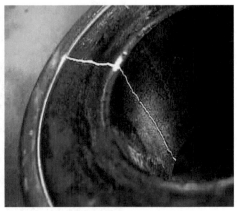

图 9-37　磁粉检测　　　　　　　图 9-38　荧光磁粉检测结果

磁粉检测使用荧光液显像可以容易地快速评估，操作员自己就可以评估。最常见的手工测试装置是用于批量生产和非连续生产的磁粉检测磁轭，如图 9-39 所示。图 9-40 所示为磁粉检测过程。

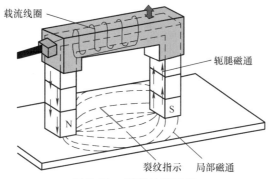

图 9-39　磁粉检测磁轭

　　a)　　　　　　　b)　　　　　　　c)　　　　　　　d)　　　　　　　e)

图 9-40　磁粉检测过程

1）预清，如图 9-40a 所示。

2）磁轭加在检验件上，垂直于疑似裂纹的方向，如图 9-40b 所示。

3）磁轭通电，在检验件上形成磁场，如图 9-40c 所示。

4）当磁轭通电后，施涂磁粉或准备磁浴，如图 9-40d 所示。

5）立刻看到显像，如图 9-40e 所示。

批量生产的铸件可以通过更多的自动设备进行检测，如图 9-41 所示。大部分铸件，特别是铸钢件需要用高电流探针检测，如图 9-42 所示。磁粉检测后零件最好要消磁，如图 9-43 所示。

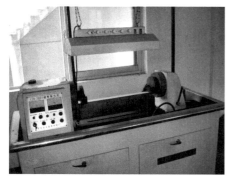

图 9-41　小的圆柱铸件自动磁粉检测仪

图 9-42　磁粉检测大型铸钢件

图 9-43　消磁设备

国际标准里有磁粉检测相应的描述和检测程序以及如何评估结果的描述：

ASTM E1444/E1444M-2016 磁粉检测标准规程。

ASTM E 709-2014 磁粉检验指南。

ASTM E 125-1963（2008）铸铁件磁粉检验用参考照相图片。

ASTM A903-A903M-1999（2012）用磁性粒子和液体渗透检验法的铸钢件表面验收标准规格。

ISO 4986-2010 铸钢件 磁粉检测。

DIN EN 1369-2013 铸造 磁粉检测。

BS EN 1559-1-2011 铸造 交货的通用技术条件。

5. 关于渗透检测和磁粉检测的结论

所有这些无损检测可以由铸造厂作为内部的生产检验或可作为顾客对产品的检验验证来完成。检测设备（不包括 PT）和检测人员必须进行定期检查和认证，通常情况每年要取得一次认证证书。磁粉检测设备必须经过校准。

渗透检测和磁粉检测操作员必须认证（资格测试）并要求一个最低的专业级别和操作时间。根据资格级别，操作者执行评估（要求等级 2 级和 3 级）或只是做检测（1 级）。

铸铁铸件的检验，尤其是低强度片状石墨和马氏体高碳化物含量的铸铁，是更加困难的。这是因为其组织结构不均匀并且有游离的石墨和碳化物。如果用参考图片进行评估，必须很好地检查是否可以用于相关材料，或者质量级别必须与材料相适应。强烈推荐只允许非常有经验的操作员检测这些材料，特别是结果的评估（需要最低级别 2 级）。

6. 铸件表面粗糙度的评定

通过视觉测试（VT）方法评估铸件的表面粗糙度，这也是一种无损检测。不同于其他 NDT 检测，这种操作员不需要认证，但无论如何要求有经验的操作人员进行检测，测试要在良好的条件下（特别是照明）进行。 重要的是非加工表面的质量，尤其是后来某些表面要进行处理（如涂装、表面处理等）。

以下是最常见的几种标准：

ASTM A 802– 1995（2012）铸钢件表面目测验收标准规程。

ISO 11971-2008 铸钢铸铁件表面质量的目测检查。

EN 1370-2012 铸造 表面状况检测。

MSSSP-55-2011 阀门、法兰、配件和其他管道部件用铸钢件的表面不平度评定的可视化方法。

图 9-44 所示为评判铸件表面质量等级的参考照片，即铸件表面比较样板。

图 9-44　ASTM A 802 表面比较样板

铸件的表面状况会决定是否能使用无损检测的方法进行检测，有必要获得尽可能光滑的铸件表面。在随后需要加工的表面不应进行这些测试。

铸件的加工表面也可以用视觉的方法评价，如图 9-45 所示。

有时加工表面的粗糙度用专业工具进行微米级的测量，如图 9-46 所示。

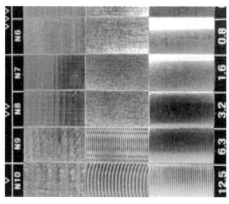

a）机械加工表面比较仪

b）加工表面比较仪细节

图 9-45　加工表面比较仪

a）加工表面粗糙度测量仪

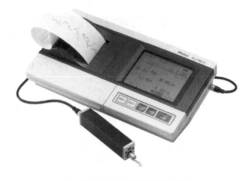

b）便携式表面粗糙度测量仪

图 9-46　表面粗糙度测量仪

### 9.3.6　其他检测

#### 1. 破坏性检测

破坏性的测试提供一个有关质量结果的高置信水平，但是铸件被破坏不能再使用，也不能确定其他铸件是否具有相同的质量。破坏性检测方法主要用于检测连续生产的小型铸件。浇注系统与铸件模样一起固定到模板上并且生产过程是高度自动化（人的操作影响很少），检测件与其他件具有相同质量的机会比较大。这种检测主要是按照样件验证程序，对首件铸件进行完全检验并评估质量是否与顾客的要求相符。图 9-47 和图 9-48 所示为汽车制动盘铸件的实例。

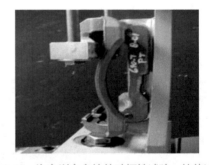

图 9-47　汽车刹车盘铸件破坏性试验：冲击试验　图 9-48　汽车刹车盘铸件破坏性试验：拉伸试验

#### 2. 气密性试验

通常压力承载或不允许有渗漏的铸件在交付前要进行气密性试验。试验的流体介质、试验压力和保压时间应符合相关标准或由供需双方商定。铸件气密性试验主要有气压法和水压法。图 9-49 所示为阀门气密性试验，图 9-50 所示为铸造熔炉衬板的气密性试验。

图 9-49 阀门气密性试验

图 9-50 铸造熔炉衬板的气密性试验

试验压力通常是服役载荷的 1.5 倍。检测过程中的铸件和使用的工装卡具必须要足以抵抗压力。测试以下参数：

1）保压时间。

2）保压期间最大压力的损失。

由于存在片状石墨、碳化物组织及较高的裂纹敏感性，对于灰铸铁件永远不能进行压力 > 6bar（$1bar=10^5Pa$）的高压试验。对于球墨铸铁和铸钢件，压力可以允许达到150bar。

铸铁失效后不能用焊接方法修复，焊修部位不可避免地存在渗透性，但是钢材料可以焊修。

气密性检测如果作为验收的有效依据，买卖双方必须要提前进行协商，并要清楚地在订单中进行描述。

3. 涂层检验

大多数铸件需要涂装防护涂料。涂层可通过专用设备测试，如图 9-51 所示。

图 9-51 涂层测厚仪

4. 残余应力检测

残余应力是影响部件 / 铸件的一个因素，也是长期以来一直讨论的一个问题，但是却很少进行检测。

无论如何，残余应力总是存在的，并且根据材料、生产及其控制以及后来的服役条件的不同会在水平和位置上变化很大。当残余应力出现时，相关各方（设计师、购买者、生产者）应该知道应力的位置和大小，并进行测量。如果在设计过程中没有认识到并考虑残余应力，则残余应力有可能是导致部件失效的主要因素，特别是受到交变服务载荷或腐蚀环境下的部件。残余应力有时也是有益的，例如，由喷丸强化产生的压应力。

首先讨论残余应力的定义、类型以及潜在来源。不同的应力类型需要不同类型的测量方法。

不同类型的检测方法应根据对应的标准来评估。下面从性能、准确性和应用方面进行比较最常见的以及一些不太常见的检测方法。同时物理环境是另一个决定性因素。

最常见的是钻孔试验和 X 射线衍射法。环芯试验是钻孔试验的一种变体，中子和电子衍射方法类似于 X 射线衍射。曲率法是一种非常特殊的方法，不太常见，也不太实用。

残余应力主要有三个来源：机械诱导、热诱导和化学诱导。

机械应力是在制造过程中产生的，是由于不均匀的塑性变形引起的。制造过程有：机加工、焊接、拉拔、磨削等，在高温下，材料由于较低的强度（热处理负荷），很容易产生应力。

热应力是由于不均匀的加热或冷却（热处理、焊接、热负荷等）导致部件温度差异的结果，这是宏观类型的应力。微观类型的热应力是由于材料中不同相/组分之间的热膨胀失配而引起的。

化学引起的残余应力主要是由于化学反应、沉淀和相变引起的体积变化而产生。另外化学表面处理也会导致残余应力。一个典型的例子是表面氮化过程，由于氮化物的晶格膨胀和沉淀，在扩散区产生压缩应力。

所有的测试技术都测量应变并计算应力。为了精确起见，需要测量至少两个方向（垂直）的应变，并且对于各向异性材料，通常选择六个方向。这种计算会导致很大的误差。一些研究表明，单轴试验误差可达计算值的70%。

应力可以在部件/铸件的表面层或断面中。最常见的两种测试是钻孔测试和X射线衍射测试。

1）钻孔测试法（见图9-52~图9-54）：

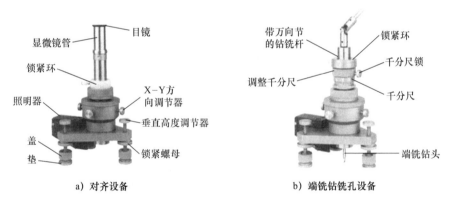

a）对齐设备

b）端铣钻铣孔设备

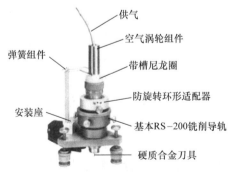

c）高速钻铣孔设备

图9-52　钻孔测试设备

图 9-53　基于钻孔和 EPSI 的残余应力测量设备

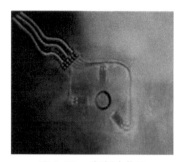

图 9-54　应变计花环

钻孔应变计技术是一种确定残余应力的实用方法。对于表面以下 2mm 的裂缝，或者对于薄壁部件的变形问题，钻孔是最常用的方法。

为了进行测量，将应变计花环粘贴到部件上的相关区域。花环通常由三个应变计组成，应变计围绕钻孔的中心点以 0°、90° 和 135° 布置。这些花环有多种尺寸和几何形状，孔直径范围为 1.6~6.3mm。

有关钻孔应力测试的国际标准：

ASTM E837 - 13a，由钻孔应变计法测定残余应力的标准测试方法。

本标准并不旨在解决与其使用相关的所有安全问题（如果有的话）。本标准的使用者有责任建立适当的安全和健康实践，并在使用前确定法律法规限制的适用性。

良好实践指南第 53 号：通过增量钻孔技术测量残余应力，PV 格兰特，JDL 洛德和 P S 怀特黑德，英国国家物理实验室。

2）X 射线衍射试验：

虽然没有技术测量材料的真实表面，X 射线可测量最接近表面的应变。X 射线衍射是应用最广泛的残余应力无损检测技术，尤其在细晶材料中。

残余应力导致材料晶面间距的变化，该间距可用在布拉格方程中来检测弹性应变。从应变中，通过使用杨氏模量、泊松比并考虑材料的弹性各向异性来评估应力。

X 射线束对试样的穿透与许多因素有关，包括材料密度和束能量。一般而言，衍射光束中的信息来自表面下方约 8~20μm 的体积。由于材料对 X 射线的散射，体积总是略大于光束尺寸。更专业的 X 射线源，例如线性加速器（LINAC），可以改变穿透深度，从而也可以检查样品非常接近表面的区域。然而，这种方法通常不适用于日常的压力分析。

图 9-55 所示为残余应力导致衍射峰的移动。衍射峰的移动表明存在残余应力。其关系因子与杨氏模量和反向（1/x）泊松比直接相关。

X 射线衍射试验涉及的国际标准有：

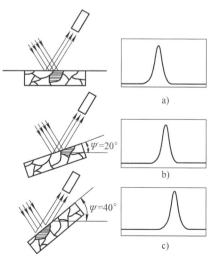

图 9-55　残余应力导致衍射峰的移动

ASTM E2860 - 12 轴承钢用 X 射线衍射测量残余应力的标准试验方法
CEN ISO/TS 21432:2005 无损检验 用中子衍射测定残余应力的标准试验方法。
CEN ISO/TS 21432:2005/AC:2009 无损检验 用中子衍射测定残余应力的标准试验方法。

## 9.4 材料的性能

### 9.4.1 简介

材料的特性非常重要，设计者要考虑使用材料的多种性能。

最常用的材料特性是力学性能，用于量化描述材料的强度、延展性，确定断裂应力和施力后零件在什么时刻失效。物理性能包括材料的磁性、热胀系数和热导率等，物理性能的检验方法不太熟知，只有少数的实验室可以正确地进行检测。材料的使用条件也很重要，包括腐蚀、侵蚀、氧化等。

### 9.4.2 分析

每种材料都是根据设计师设定的需求进行评价。通常这些需求是强度性能，如抗拉强度，屈服强度，抗疲劳强度。但是在工作条件下的物理性能和材料特性也被考虑。抗疲劳强度在很大程度上依赖于材料的化学成分，但这并不总是明确的。另一方面，对于大多数材料在化学成分和力学性能之间都有一个关系。

实际上对于非合金材料的标准中多数对化学成分没有要求，如灰铸铁、球墨铸铁和常规的非合金钢就是这样的。如果考虑焊接修复或随后的焊接操作，就要考虑化学成分（以及碳当量）要求。如果材料有较高的力学性能要求，合金元素要慎重地添加，在这种情况下，每个元素的化学成分范围都要在标准中规定。作为一般规则，如果材料标准中并没有提及的元素（或要求），就可以不受限制、自由使用；如果考虑物理性能（如磁性）的要求或对服役条件承受能力（如耐蚀性）的要求，就要考虑化学成分，这是因为多数元素很大程度上决定所需的性能。

通常通过化学试验检测化学成分，这需要大量的测试工作而且不能用作生产现场控制手段（检测时间太长，而材料必须快速浇注）。铸造现场采用快速测试的楔形试验（三角试片白口检测），这种快速测试能显示液体金属的质量，但只适用于铸铁。

后来，在铸铁厂出现了热分析仪（见图 9-56）。这个设备可以指示 CE（= % C + % Si/3 + % P/3）并且可从结果中估算 C 和 Si。进一步发展，该设备通过显示冷却曲线被用来评估铁液的冶金质量（见图 9-57）。

现在，最常见的方法是光谱仪（见图 9-58~ 图 9~60）和电感耦合等离子发射光谱仪（ICP）（见图 9-61）。如果正确使用标准化试样，并且设备进行日常校准，这种类型的设备检测是非常准确的。几乎每一个铸造厂现在都有这样的设备。

使用便携式光谱仪来分拣废料。相比固定光谱仪检测结果不太准确，但可以用来对废品进行轻松地分类和确定。

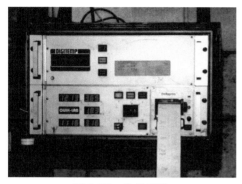

图 9-56　热分析仪

图 9-57　热分析仪（带数字软件）

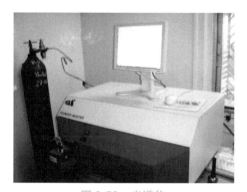

图 9-58　光谱仪

图 9-59　试样研磨机

图 9-60　便携式光谱仪

图 9-61　电感耦合等离子发射光谱仪（ICP）

这些机器的功能和分析方法在以下的标准中描述：

ASTM A751 检测方法，钢产品的化学分析的实践和规定。

该试验是在实验室用非常准确的光谱仪做的，或是在现场用不太准确的但仍能够识别材料的测试设备。

### 9.4.3　微观结构

微观组织可以显示铁素体、珠光体、贝氏体、马氏体和奥氏体。也可以显示金属晶

粒尺寸的碳化物和自由石墨（铁）。认知金属材料的微观结构是很重要的。

材料微观组织测试都是用显微镜。用光学显微镜进行微观结构检测（见图 9-62），用立体显微镜用来识别铸造外部缺陷（见图 9-63）。

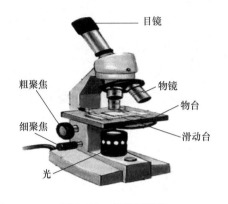

图 9-62　光学显微镜

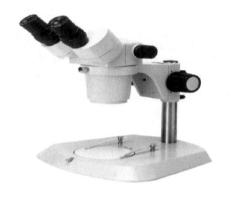

图 9-63　立体显微镜

对于铸铁，游离石墨的外观是重要的，碳化物的数量和类型也同等重要。游离石墨的类型将根据 EN ISO 945 或 ASTM A 247 进行分类（见图 9-64 和图 9-65）。

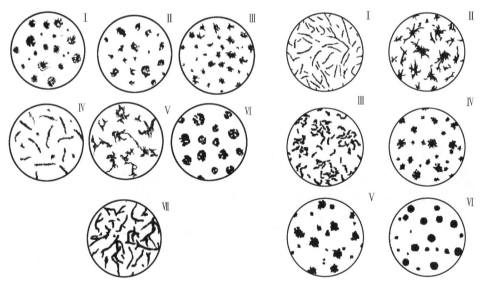

图 9-64　ASTM A 247　　　　　　　　　　　　图 9-65　ISO 945

对于球墨铸铁，检测球化率和球墨粒数是重要的（见图 9-66 和图 9-67）。而且必须辨认一些特殊的外观：石墨漂浮（见图 9-68），絮状石墨（见图 9-69）等。

石墨的尺寸也非常重要，见表 9-4 和图 9-70。

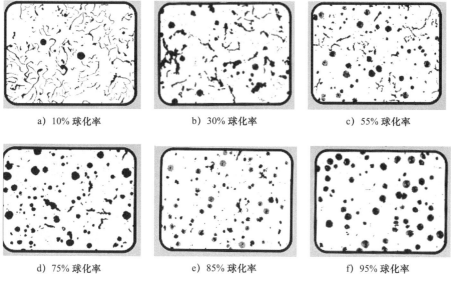

a) 10% 球化率　　　b) 30% 球化率　　　c) 55% 球化率

d) 75% 球化率　　　e) 85% 球化率　　　f) 95% 球化率

图 9-66　球化率评估实例

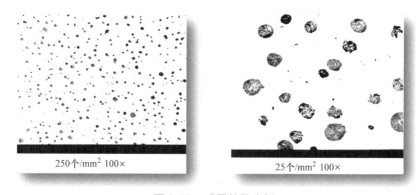

250个/mm² 100×　　　　　　25个/mm² 100×

图 9-67　球墨粒数实例

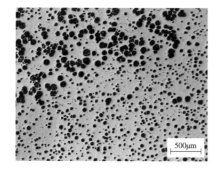

图 9-68　石墨漂浮

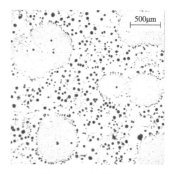

图 9-69　絮状石墨

表 9-4　石墨尺寸

| ISO 945-1-2017 | | | |
|---|---|---|---|
| 尺寸级别 | 放大 100 倍的尺寸 / mm | 实际尺寸范围 /mm | 石墨类型 |
| 1 | ≥ 100 | ≥ 1 | I |
| 2 | 50~100 | 0.5~1.0 | I |
| 3 | 25~50 | 0.25~0.5 | I,IV~VI,III |
| 4 | 12~25 | 0.12~0.25 | I,IV, III |
| 5 | 6~12 | 0.06~0.12 | I,IV, III |
| 6 | 3~6 | 0.03~0.06 | I,IV, III |
| 7 | 1.5~3 | 0.015~0.03 | I,IV, III |
| 8 | < 1.5 | < 0.015 | I,IV |

对于钢，最主要的是显微组织：例如奥氏体型不锈钢和锰钢中的奥氏体，工具钢和耐磨材料中的马氏体。碳化物的数量、大小和类型将对保证材料具有适当的延展性很重要。图 9-71 所示为钢的晶粒尺寸，图 9-72 所示为不锈钢的微观结构。

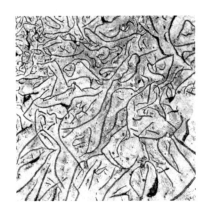

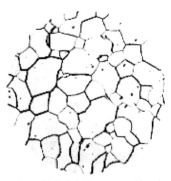

硝酸酒精溶液腐蚀　100×　晶粒尺寸5

图 9-70　灰铸铁中游离石墨的大小评估　　　　图 9-71　钢的晶粒尺寸

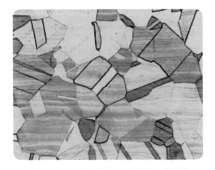

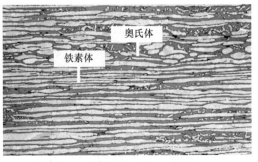

a）奥氏体型不锈钢的微观结构（腐蚀）　　　b）双相不锈钢的微观结构（腐蚀）

图 9-72　　不锈钢的显微组织

通常适用于铸钢的一种特殊的检测方法是硫印试验（见图 9-73）。硫在钢中主要以硫化铁或硫化锰的形式存在，这种硫的夹杂物的分布用这种方法很容易检测，常用的标准是 ASTM E1180 - 08：制备硫印用于宏观结构评价的实施标准。

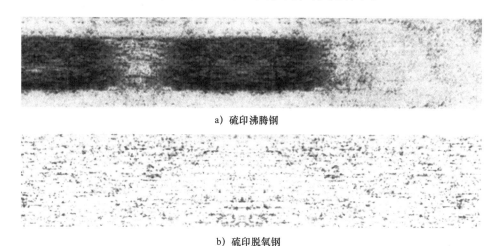

a）硫印沸腾钢

b）硫印脱氧钢

图 9-73 钢的硫印

## 9.4.4 力学性能

### 1. 简介

力学性能的测试应标准化。通常有几种可能性，不同类型的力学性能之间的关系（如硬度、抗拉强度）已足够清楚，目前已有如转化硬度、强度与断面的关系以及夏氏冲击与其他冲击值之间的关系的图表。

所有的力学性能测试在室温 23℃下完成，除非特别提出的测试方法（如夏氏型冲击强度在 - 20℃）。材料标准提到的要求值通常是最小值（如屈服强度），有时会给出一个范围（最小值和最大值），如硬度。

材料标准中还会规定如果性能测试没有获得所需的值该如何办：

1）如果在测试材料中有一个明显的缺陷（如夹杂物），毫无疑问可以重新做测试。

2）如果测试材料是合适的（没有夹杂物或出现多孔），材料性能检测没有达到标准要求，将判为不合格或需对材料进行一个新的处理，通常是热处理，材料试样和铸件一起完成处理之后，再进行重新测试。

测试材料（试样）可能附铸在铸件上或单独浇注，单独浇注试样的浇注条件要与铸件的浇注条件近似。在任何情况下，测试材料必须要等于材料，也就是浇注后或热处理后的冷却条件要相同。附铸试块自然满足这种要求，官方检测的要求也是这种情况，而且必须要官方在场见证附铸试块分离并标识。试块与铸件相连有相同的化学成分和相同的热处理，这点非常重要，因为铸件材料的金相组织结构与浇注时间、冷却和壁厚等有关。

特别是如果试样与铸件分别浇注，那么成分和冷却就会有差异。如果只有一个单铸试样，大多数标准要求在浇注完铸件后再浇注。而且试样的形状是很重要的，尤其是截

面形状必须要与铸件具有类似的凝固和热处理。

（1）凝固

1）越薄的地方凝固越快。

2）形状越简单，体积收缩越容易被补偿。

3）浇注附铸试块，由于连接附铸试块的地方会产生额外的热节，会对凝固有交互影响。

（2）热处理

1）淬火处理，断面很重要。

2）试样的断面必须与铸件的关键断面一致，尤其是对壁厚或热处理敏感的材料。

3）只有不再有热影响后，可将铸件和试样分离。

4）材料正火和退火少有这方面问题。

大多数性能取决于测试材料的厚度。根据标准，测试材料必须与铸件外形尺寸具有相同的厚度，该代表尺寸是在强度计算中最关键的参数。

测试试样可以是一个或多种，这可能会在实际情况中导致不同的结果，这取决于试样附在铸件上的位置和铸造的类型。从测试块上取测试材料通常要符合标准。标准中给出了几种可能性，必须选择最接近铸件代表性尺寸的可能性。

最重要的要求是测试材料样品有与铸件完全相同的材料，与铸件相同的冷却并且拥有相同的热处理。

常用的性能测试有：抗拉强度、屈服强度、硬度、延伸率、断面收缩率、夏比型缺口冲击值和耐冲击性。下面是常用标准：

ASTM A 370-2016　钢产品机械测试的试验方法及定义。

ASTM E 208-2006　测定铁素体钢无塑性转变温度用坠重试验方法。

裂纹敏感性的测定也要求的越来越多，但测试方法和测试值直到今天还不是众所周知的。

其他一些性能（抗剪强度、抗弯强度、抗扭强度等）通常使用某些性能（如抗拉强度）的测试值来计算。

## 2. 硬度测试

硬度是材料抵抗局部变形，特别是抗塑性变形的能力。硬度测试简便，金属的许多性能直接与硬度有关，硬度测试实质上就是一种抗压试验，金属的抗压强度均与硬度有对应的关系。机械加工时，材料硬度通常是刀具寿命的一个重要指标（越硬越难加工）。

金属材料不同的硬度值之间的关系：

1）铸钢　见 DIN 50150-2000（作废）金属材料试验硬度的换算。

2）马氏体铸铁见 ASTM A532/A532M-2010（2014）耐磨铸铁规格。

3）HRC 转换成 HBW（ASTM E18 采用 150kg 负重进行试验）

$$HBW = 0.363HRC^2 - 22.215HRC + 717.8 \tag{9-1}$$

4）HV 转换成 HBW（ASTM E92 试验）

$$HBW = 22.89 + HV/1.136 \tag{9-2}$$

对于奥氏体材料，要注意测试中由于在高负载和变形的情况下奥氏体会转变成马氏体，材料会变硬；奥氏体也可以产生强烈的弹性和塑性变形。两者都会破坏试验结果。

有很多可采用的硬度测试方法，图 9-74 是一个布氏硬度试验机，图 9-75 所示为肖氏硬度计。

图 9-74　布氏硬度试验机

图 9-75　肖氏硬度计

硬度试验要求（取决于测试的类型）一个最小的测试材料厚度和面积。这是避免测试使材料变形而导致一个不正确的试验结果。

大多数铸造厂使用已经破坏的试验棒进行硬度测试，这在通常的测试条件下是不允许的。

布氏硬度必须至少有 2 个压痕印记（因为它是一个比较试验，要与标准试块对比）。2 个压痕间距需要至少 5 倍的压痕直径，并且压痕中心距离材料边缘至少有 2.5 倍的压痕直径。因此通常要求测试材料具有一个 25mm×25mm 的最小截面，首选 30mm×30mm。

为此首选测试棒尽头留有的大块地方，它可以用于标识和硬度测试，如图 9-76 所示。

图 9-76　拉伸试验棒

硬度的类型、压痕、载荷、范围及适用材料见表 9-5，洛氏硬度表面硬度见表 9-6。

表 9-5 硬度的类型、压痕、载荷、范围及适用材料

| 类型 | 压痕 | 载荷 /kg | 硬度范围 HBW | 适用材料 |
|---|---|---|---|---|
| HRA | 钻石锥压入 | 60 | >400 | 薄钢、薄的碳素钢、硬质合金 |
| HRB | 直径 1.5875mm 淬硬的钢球 | 100 | 100~240 | 低碳钢，可锻铸铁 |
| HRC | 钻石锥压入，顶端角度为 120° | 150 | >230 | 硬质的碳素钢、白口铸铁 |
| HRD | 钻石锥压入 | 100 | >400 | 薄钢、可锻铸铁 |
| HRE | 直径为 3.175 mm 的钢球 | 100 | <125 | 铝锰合金、铸铁 |
| HRF | 直径为 1.5875 mm 的钢球 | 60 | 50~120 | 薄钢板、退火铜 |
| HRG | 直径为 1.5875 mm 的钢球 | 150 | 120~180 | 磷青铜、铍铜合金 |
| HRH | 直径为 3.175 mm 的钢球 | 60 | 30~50 | 铝、铝锌 |
| HRK | 直径为 3.175 mm 的钢球 | 150 | 100~200 | 轴承合金、软金属 |
| HRL | 直径为 6.35 mm 的钢球 | 60 | 100~200 | 轴承合金、软金属 |
| HRM | 直径为 6.35 mm 的钢球 | 100 | 100~200 | 轴承合金、软金属 |
| HRP | 直径为 6.35 mm 的钢球 | 150 | 100~200 | 轴承合金、软金属 |
| HRR | 直径为 12.7mm 的钢球 | 60 | 100~200 | 轴承合金、软金属 |
| HRS | 直径为 12.7mm 的钢球 | 100 | 100~200 | 轴承合金、软金属 |
| HRV | 直径为 12.7mm 的钢球 | 150 | 100~200 | 轴承合金、软金属 |

表 9-6 洛氏表面硬度

| 洛氏硬度 | 压痕 | 载荷 /kg | 适用于 |
|---|---|---|---|
| 15N | 钻石锥压入 | 15 | 表面层硬度 |
| 30N | 钻石锥压入 | 30 | 表面层硬度 |
| 45N | 钻石锥压入 | 45 | 表面层硬度 |
| 15T | 直径为 1.5875mm 淬硬的钢球 | 15 | 表面层硬度 |
| 30T | 直径为 1.5875mm 淬硬的钢球 | 30 | 表面层硬度 |
| 45T | 直径为 1.5875mm 淬硬的钢球 | 45 | 表面层硬度 |
| 15W | 直径为 3.175 mm 的钢球 | 15 | 表面层硬度 |
| 30W | 直径为 3.175 mm 的钢球 | 30 | 表面层硬度 |
| 45W | 直径为 3.175 mm 的钢球 | 45 | 表面层硬度 |
| 15X | 直径为 6.35 mm 的钢球 | 15 | 表面层硬度 |
| 30X | 直径为 6.35 mm 的钢球 | 30 | 表面层硬度 |
| 45X | 直径为 6.35 mm 的钢球 | 45 | 表面层硬度 |
| 15Y | 直径为 12.7mm 的钢球 | 15 | 表面层硬度 |
| 30Y | 直径为 12.7mm 的钢球 | 30 | 表面层硬度 |
| 45Y | 直径为 12.7mm 的钢球 | 45 | 表面层硬度 |

布氏硬度若直径为 10mm 钢球，载荷为 3000kg，适用于铸铁、铸钢、钢。

布氏硬度若直径为 2.5mm 钢球，载荷为 100kg，适用于较软的材料。

维氏硬度计钻石锥压入，顶端角度为 136°，载荷为 120kg，适用于薄壁材料、表面光滑的材料。

努普硬度努普针，载荷为 1g~1kg，适用于大于 200mm 的表面硬度。

图 9-77 和图 9-78 所示为常用的便携式布氏硬度机（锤击式布氏硬度机）。注意，为获得正确的结果它需要一些技巧和经验。

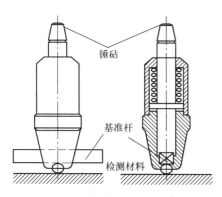

图 9-77　布氏硬度机：设备

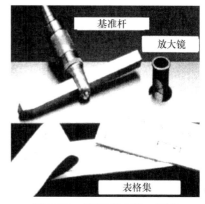

图 9-78　布氏硬度机：原理

新标准 EN ISO 6506 取代了标准 EN 10003，新标准 EN ISO 6508 取代了标准 EN 10109。这意味着布氏硬度从现在起将用硬质合金球测试。名字将成为 HBW。2mm 的球不再被承认。

对于罗克韦尔测试是用硬质合金球完成，写作 HRBS，若是碳化钨球，写作 HRBW。

对于布氏硬度，还确定了一些额外的要求，见表 9-7。

表 9-7　布氏硬度测试的额外要求

| 材料壁厚 /mm | 获得最好测试结果的最小硬度 HBW | | |
| --- | --- | --- | --- |
| | 载荷 3000 kg | 载荷 1500 kg | 载荷 500 kg |
| 1.6 | 602 | 301 | 100 |
| 3.2 | 301 | 150 | 50 |
| 4.8 | 201 | 100 | 33 |
| 6.4 | 150 | 75 | 25 |
| 8.0 | 120 | 60 | 20 |
| 9.6 | 100 | 50 | 17 |

对于铸铁，这有可能通过标准中保证的硬度指示出铸铁的类型：

EN 1561-2012　铸造灰铸铁。

EN-GJL-HB195 是一种硬度范围在 135~210HBW、壁厚在 20~40mm 的片状灰铸铁。

下面是通用标准：

ASTM A370-2016 钢制品机械测试的标准试验方法和定义。

EN ISO 6506-1-2005 金属材料 . 布氏硬度试验 第 1 部分：试验方法。

EN ISO 6506-2-2005 金属材料 . 布氏硬度试验 第 2 部分：布氏硬度试验机的鉴定和校准。

EN ISO 6506-3-2005 金属材料 . 布氏硬度试验 第 3 部分：标准块材的校准。

EN ISO 6506-4-2005 金属材料 . 布氏硬度试验 第 4 部分：硬度值表。

EN ISO 6508-1-2016 金属材料 . 布氏硬度试验 第 1 部分：试验方法（标度 A、B、C、

D、E、F、G、H、K、N、T）。

EN ISO 6508-2-2005 金属材料 . 布氏硬度试验 第 2 部分：试验机的鉴定和校准（标度 A、B、C、D、E、F、G、H、K、N、T）。

EN ISO 6508-3-2005 金属材料 . 布氏硬度试验 第 3 部分：试验机的鉴定和校准（标度 A、B、C、D、E、F、G、H、K、N、T）。

### 3. 拉伸试验

拉伸试验是最常用的一种力学性能试验方法，能够简单、可靠、清晰地反映金属材料受力时呈现的弹性、塑性、断裂三过程的特性，测量材料的抗拉强度、屈服强度、断后伸长率和断面收缩率。典型金属材料受力载荷应力 - 应变曲线见图 9-79 和图 9-80。

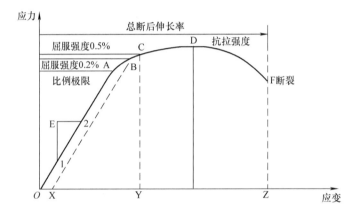

图 9-79　载荷曲线 – 塑性材料的拉伸试验

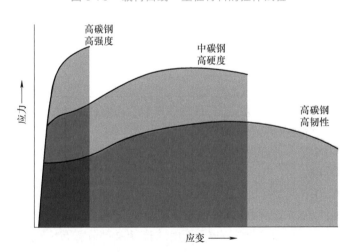

图 9-80　不同类型钢的曲线

片状石墨灰铸铁没有屈服强度并且延伸率通常小于 0.3%，因而其应力 - 应变曲线不同。拉伸试样形状的变化见图 9-81 和图 9-82。

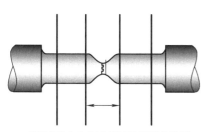

试棒应该在中心1/3处断裂(见箭头位置)

图 9-81　拉伸试棒断裂原理

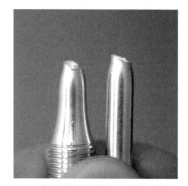

图 9-82　在拉伸试验期间试样形状的改变

拉伸试验设备必须由有资格的机构认证，所有试验不能在未认证的设备上执行，如图 9-83 和图 9-84 所示。

图 9-83　拉伸试验设备（一）

图 9-84　拉伸试验设备（二）

不同温度下金属材料的抗拉强度（曲线）会有很大的变化，温度越高，抗拉强度就会越低，并且延伸率会越高。大多数金属获得抗拉强度增长直到 200℃（不包括有色金属），见图 9-85。

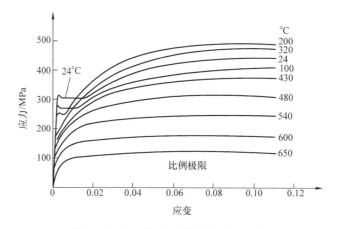

图 9-85　不同温度下拉伸曲线的变化

使用下面的标准进行拉伸试验：

ISO 6892-1-2016　金属材料 拉伸试验 第 1 部分：室温下的试验方法。

ISO 6892-2-2011 金属材料 拉伸试验 第 2 部分：高温下的试验方法。

ISO 6892-4-2015 金属材料 拉伸试验 第 4 部分：在液氦下的试验方法。

4. 冲击试验（夏比缺口冲击试验）

国际现在公认的冲击试验是夏比缺口冲击试验。夏比缺口冲击试验使用缺口测试样（尺寸根据国际标准），由一个旋转下降冲击锤（恒能量冲击）打击，见图 9-86。夏比 V 值是被测试试样吸收的能量，用 J 表示。

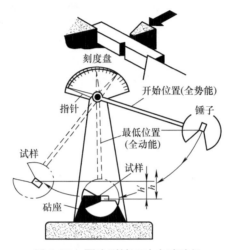

图 9-86  夏比型缺口冲击试验机

冲击试验显示了材料在塑性变形和断裂变形过程中吸收能量、抵抗冲击载荷的能力。材料的冲击韧度除取决于材料本身外，还与外界条件有很大关系，特别是环境温度的影响。试验定位临界温度对每种材料都是很重要的。降低温度，所有材料（除了拥有奥氏体微观组织）在经过一个很小的温度带后将变成脆性。在该区域夏比 V 值突然减少到一个非常低的水平，然后再次保持不变，见图 9-87。

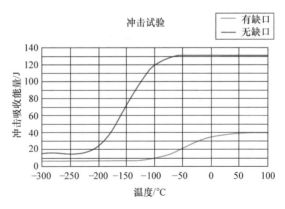

图 9-87  与温度相关的夏氏值

材料的使用温度不能低于转变温度以避免破坏风险，评估这一风险，冲击试验的最低使用温度要考虑额外的安全因素：如果材料使用条件下降到 -20℃，夏比测试应

在 –30℃或 –40℃下进行，这取决于工程设计所选择的安全系数。

对于脆性材料（灰铸铁、白口铸铁等），夏比试验没有规定无缺口试样，生产实践往往采用外形与标准试样一样的无缺口的试样进行测试，其他试验条件同冲击试验标准，获得的冲击值给出一个在冲击条件下的可吸收能量。

冲击试验可使用的标准如下：

ASTM E208-2006 测定铁素体钢无塑性转变温度用坠重试验方法。

ASTM A327/A327M-2011 铸铁冲击试验的试验方法。

DIN EN ISO 148-1 金属材料夏比摆锤冲击试验机 第 1 部分：试验方法。

ISO/TR 7705-1991　钢规范中规定摆式 V 形缺口冲击韧度的指南。

DIN 50115-1991 金属材料检验缺口冲击试验试样的特殊形状和评价方法。

### 5. 裂纹敏感性因子

这个问题，几年前都没有相关的检测值，而是通过一个公式来评估延展性。这种情况现在变了。

裂纹敏感性因子显示出最大允许压力以避免存在的裂纹开始长大，这就是安全载荷。

自 1991 年以来，英国标准 BS 7448 一直被使用，在这个标准里断裂韧度 $K_{IC}$、临界 $J$ 值、裂纹张开位移 COD 和裂纹尖端张开位移 CTOD 被描述。试验结果是测量值在公式中可用。

$K_{IC}$（断裂韧度）：临界应力场强度因子，表征裂纹开始扩展的应力。该因子取决于负载、裂纹长度和测试棒的几何形状。ASTM E 399 标准中对该因子进行了介绍。

$J$ 积分：该因子主要适用于美国标准中具真实塑性变形区间的材料（以及服役条件）。它和试样的吸收能量成正比，并包含永久性伸长（塑性变形）所吸收和暂时的弹性伸长所吸收的能量。美国标准 ASTM E 813 描述了这个值。

COD（裂纹张开位移）：拉伸试样缺口的裂纹张开位移。

CTOD（裂纹尖端张开位移）：表示检测试棒缺口尖端的位移，详见英国标准 BS7448，其中对 4 种类型的检测试样进行了描述。

## 9.4.5　物理性能

通常这些物理性能不用试验测试，如果金属材料化学成分以及力学性能是正确的，物理性能也会是正确的。但是对于铸铁情况不是常常如此，即使铸铁金相组织结构正确，但是游离的石墨偏析会明显地导致不同，石墨强烈影响热导率并使之变得更小，还有其他性能如电阻也是如此。因此对于铸铁，通常被要求评价显微组织照片（如根据欧洲标准 EN ISO 945 铸铁 - 石墨微观结构）来确保物理性能。

磁性的应用是重要的，如电子引擎、扫雷舰船、驱逐舰等。

对奥氏体型不锈钢的评价来说，物理性能也是一个重要因素，因为大部分奥氏体是非磁性的而铁素体是有磁性的。有标准来确定在这种情况下铁素体水平。一个典型的标准是：ISO - WD 13520 奥氏体型不锈钢铸件中铁素体含量的估计。

电阻也可以用几种方法进行测试。

一般来说，它可以陈述如果物理性能进行了测试，它通常是根据公司标准测试或其他较少的国际公认测试来执行，这主要是测试条件（温度、空气湿度、试棒形状）不同。因此强烈建议要小心地处理值，在文献中查找。互相比较它们展示明显不同的地方。

### 9.4.6 耐蚀性

在较低温度范围（≤600℃）的耐蚀性称为电解质的腐蚀，在更高的温度范围（>600℃）称为化学腐蚀。耐蚀性很大程度上取决于环境条件（温度、湿度、环境值、流量）。

对于铁基合金，耐蚀性强烈依赖于铬在基体中的比例。基体中铬的量不同于化学成分中提及的名义上的量。一些碳化物中的铬不再对耐蚀性起作用了。

因此，热处理温度和使用温度（尤其是在550~850℃的范围）是非常重要的，因为它们决定碳化物的形成，$\sigma$相及其他铬化物。

材料中的其他元素（铬以外）对全面腐蚀不太重要但却对局部耐蚀性（Mo对坑和隙间腐蚀，N对应力腐蚀等）起重要的作用。

重要的是检查自由碳和碳化物及含铬化合物的存在。这些特性的存在（游离碳和碳化物和含铬化合物）经常通过微观结构研究和磁性测试检查。

腐蚀和抗氧化性的测试是非常困难的，因为结果根据所有测试/使用条件（温度、氧气、湿度、周围的空气流动）将是不同的，因此很难执行通用的测试。

在实验室范围内经常进行腐蚀测试。他们使用标准化的腐蚀环境（测试条件、腐蚀介质）并且只是进行短时间的腐蚀。

下列标准给出了一些可能的试验描述：

ISO 3651-1:1998 奥氏体和铁素体奥氏体（双相）型不锈钢耐晶间腐蚀的测定。

ISO 3651-2:1998 不锈钢、铁素体、奥氏体和铁素体奥氏体（双相）型不锈钢晶间腐蚀的测定。

ISO 3651-3:2017 不锈钢耐晶间腐蚀性的测定、低铬铁素体型不锈钢的腐蚀试验。

图9-88所示为盐水喷雾试验设备。

为评价抗氧化性也有测试。测试在高温（>600℃）进行，由于这个原因，试验更加难以执行。一些实验室试图进行短时间测试并且长时间推断它们。这个推断是基于材料在与实际使用类似条件下的性能。

图 9-88 盐水喷雾试验设备

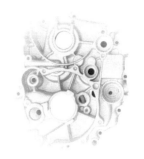

# 第10章

# 铸件修复

## 10.1 简介

由于铸造生产工艺过程的复杂，使所生产的铸件不可避免地会出现一定数量的不合格品，其中相当一部分可以通过修补的方法补救。对于铸件的每个不合格品或缺陷，面临的问题是：修复或不修复，这不仅在于它是否可以在物理上和质量上进行修复，而且要优先考虑修复成本，每一次修复都要增加额外的成本，虽然修理费用比新制铸件的成本要低，但有时修理对最终结果是不可预测的或有风险的。

为使铸造成本尽可能地低，必须做好中间检查（在每一个生产步骤之后），以尽早发现任何不合格现象。如果有不合格，铸造厂可以在相应的工序决定修理或废弃。这样做将会以最小的成本和充裕的时间来修理或重新铸造生产。

如果适用的标准和顾客规范要求允许或经顾客书面批准后，则缺陷可以进行修补（焊接）。订单规范可能不包括某些缺陷的修复，那么无论如何在不通知顾客的情况下都不允许做任何修复。

几乎所有的顾客都想拥有关于具体修补情况的决定权，必须采取有效的修补保障措施，确保修理后的铸件符合标准和要求，获得顾客的接受。

## 10.2 缺陷类型

铸件的缺陷包括：

1）材料缺陷。

2）铸件的断面和表面质量不合格。

3）铸件尺寸不符合要求。

4）使用条件不符合要求。

只有正确认识和描述这些缺陷，才可以决定是否要对铸件进行修复。

## 10.2.1　材料缺陷

材料缺陷分为三大类：成分不合格、力学性能不合格、物理性能不合格。

### 1. 分析

对于大部分铸铁和铸钢的化学成分通常是没有要求的，因而它不是一个验收的条件，可以自由地遵循顾客的指示。有时化学成分是标准或顾客的规范和要求中规定的，且允许有小偏差，因为每个成分分析试验方法都有偏差（公差范围）。在标准 EN 1559-1 中描述了允许的偏差（见表 10-1）。

表 10-1　根据 EN 1559-1 化学分析的可接受偏差

| 化学元素 | 规定值 $a$（质量分数，%） | 偏差（%） |
|---|---|---|
| 碳 C | $a \leqslant 0.03$ | ± 0.005 |
| | $0.03 < a \leqslant 0.08$ | ± 0.01 |
| | $0.08 < a \leqslant 0.3$ | ± 0.02 |
| | $0.3 < a \leqslant 0.6$ | ± 0.03 |
| | $0.6 < a \leqslant 1.2$ | ± 0.05 |
| | $1.2 < a \leqslant 2.0$ | ± 0.06 |
| | $a > 2.0$ | ± 0.08 |
| 硅 Si | $a \leqslant 2.0$ | ± 0.1 |
| | $a > 2.0$ | ± 0.2 |
| 锰 Mn | $a \leqslant 0.70$ | +/- 0.06 |
| | $0.70 < a \leqslant 2.00$ | +/- 0.10 |
| | $2.00 < a \leqslant 10.00$ | +/- 0.25 |
| | $a > 10.00$ | +/- 0.40 |
| 硫 S | $a < 0.040$ | +/- 0.005 |
| 磷 P | $a < 0.040$ | +/- 0.005 |
| 铬 Cr | $a \leqslant 2.00$ | +/- 0.10 |
| | $2.00 < a \leqslant 10.00$ | +/- 0.20 |
| | $10.00 < a \leqslant 15.00$ | +/- 0.30 |
| | $15.00 < a \leqslant 20.00$ | +/- 0.40 |
| | $a > 20.00$ | +/- 0.50 |
| 钼 Mo | $a \leqslant 1.00$ | +/- 0.07 |
| | $1.00 < a \leqslant 2.00$ | +/- 0.10 |
| | $2.00 < a \leqslant 5.00$ | +/- 0.15 |
| | $5.00 < a \leqslant 30.00$ | +/- 0.20 |
| 镍 Ni | $a \leqslant 1.00$ | +/- 0.07 |
| | $1.00 < a \leqslant 2.00$ | +/- 0.10 |
| | $2.00 < a \leqslant 5.00$ | +/- 0.15 |
| | $5.00 < a \leqslant 10.00$ | +/- 0.20 |
| | $10.00 < a \leqslant 20.00$ | +/- 0.25 |
| | $20.00 < a \leqslant 30.00$ | +/- 0.30 |
| | $a > 30.00$ | +/- 0.50 |

（续）

| 化学元素 | 规定值 a（质量分数，%） | 偏差（%） |
|---|---|---|
| 铌 Nb | $a \leqslant 1.00$ | +/– 0.05 |
| | $a > 1.00$ | +/– 0.10 |
| 钒 V | $a \leqslant 0.30$ | +/– 0.03 |
| | $0.30 < a < 1.00$ | +/– 0.07 |
| 铜 Cu | $a \leqslant 2.00$ | +/– 0.12 |
| | $2.00 < a < 5.00$ | +/– 0.25 |
| 氮 N | $a < 0.30$ | +/– 0.02 |
| 钨 W | $a \leqslant 1.00$ | +/– 0.05 |
| | $1.00 < a \leqslant 3.00$ | +/– 0.10 |
| | $3.00 < a < 6.00$ | +/– 0.15 |
| 钴 Co | $a \leqslant 25.00$ | +/– 0.40 |
| | $a > 25.00$ | +/– 0.70 |

如果某种元素由光谱仪检测的含量超出了标准或顾客要求的范围，若"不符合"可能是因为分析偏差的缘故。例如：标准要求为 1.00%~1.50%，根据表 10-1 偏差要求：+/– 0.10 %，所以允许的范围是 0.90%~1.60%。

如果有必要使用合金元素以获得某些性能（如耐腐蚀的铬）或能够成功地进行热处理而获得（如硬化和碳化物含量），则化学分析就是要求。

如果化学分析结果不是最好的，在取得客户的同意下，由铸造厂负责通过特殊处理（如正火状态下的淬火和回头）以获得所需的性能。

化学成分不合格可以在生产中较早识别出，最好是在浇注前、冶金处理后（球化、孕育、脱氧）及时检测。

### 2. 力学性能

所要求的力学性能会在标准和顾客的要求中提到，铸造厂了解这些是很重要的，尤其是小偏差发生的情况下，设计计算时要考虑值是多少。例如：屈服强度明显高于所要求的值，则抗拉强度的微小偏差是可以接受的。力学性能的修复一般只能借助于热处理。

### 3. 物理性能

如果化学成分和显微组织结构是合适的，则物理性能通常是合适的。有些物理性能可以用热处理来改变，如磁性能就是这种情况。如果分析偏差很小，通过热处理，可以避免显微组织向奥氏体和碳化物转变。还有些物理性能是不能修复的，如铸铁的导热性。

## 10.2.2　铸件的内在和表面质量

1）表面缺陷：弯曲、疤痕、气泡、掉砂、渗透、变形。

2）可见（表面）缺陷：冲蚀、夹砂、胀砂、浇不足、冷隔、热裂、冷裂纹、敞开缩孔和错型（移位也是尺寸缺陷）。

3）内部缺陷：气孔、缩松、针孔、夹渣、夹杂物。

其他可能的缺陷是关于化学成分或不良的显微组织结构（偏析），它们通常会产生不同的力学性能或微观收缩。

缩松缩减功能断面，铸件因此变得强度不够。根据标准可以允许一定级别的缩松。如果超过规定的最大允许缩松值则必须要修补。在修补之前，不合格区域必须完全移除。使用的修补方法要依据材料进行选择。

内部和外部材料裂纹是非常危险的，因为裂纹存在进一步增长的风险，特别是有交变载荷和冲击载荷的时候。因此几乎是不允许裂纹存在的，一定要去除和修复。

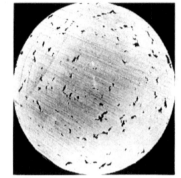

外部裂纹可以很容易地去除，内部裂纹却很难去除，而且唯一的可能是去除裂纹周围很大一部分好的材料。所以这些内部缺陷是难以修复的，并且会花费很高的修补费用。

气体夹杂物通常不是很危险，除非气体夹杂物的总量很高并且金属中过高的气体含量遍布整个断面，像图 10-1 这种情况，修复是不可能的。

铸铁中 N 的质量分数为 $1.09 \times 10^{-2}$%

图 10-1　铸件中气孔外观

小的气体夹杂经常可以在铸件里并且由于其对强度性能影响较小而不需要去修复。其他形状如针孔和虫孔要根据具体情况评估，如图 10-2 所示。

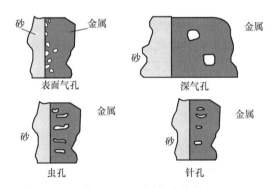

图 10-2　不同气孔外观

夹砂和夹渣（见图 10-3 和图 10-4）通常在铸件的顶部或芯子的下面。这是由于夹杂物比金属轻会浮起来，当它们接触型壁或型芯时通常就会黏在上面。

图 10-3　夹砂

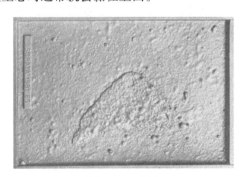

图 10-4　夹渣

这类缺陷与缩松具有相同的影响，是否需要去除或修补取决于其尺寸和在铸件上的位置。

一个更大的问题是材料不均匀（涉及化学成分、偏析），会产生局部问题（过冷就是其中之一），这些是永远无法修复的：

1）铸铁件中不合格的游离石墨，见图 10-5。

2）铸铁中石墨悬浮，尤其是球墨铸铁，见图 10-6 和图 10-7。

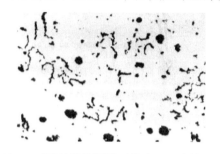

图 10-5　球墨铸铁的石墨形状（不正确的 Mg-S）

图 10-6　球墨铸铁的石墨悬浮

3）在最后凝固的材料（通常是断面心部）中合金元素百分比升高，如磷含量。

4）由于氢含量导致的过冷。

### 10.2.3　铸件的外形尺寸

铸件尺寸不符合要求有两种可能：

1）材料过多。这需要通过额外的处理（如加工、清理）来去除，会花费额外的费用。通常顾客会在常规加工时去除这些多余的材料并会向铸造厂索赔额外所花的费用。例外的情况就是这些多余的材料可以保留。

图 10-7　微观观察的石墨悬浮

2）材料不足。若缺少材料必须要进行更正，在客户批准后可通过焊接或胶接额外的材料（相同或类似的）。

### 10.2.4　对服役环境的耐受性

材料耐受性不良通常是由化学成分不符合要求造成的。例如铬含量过低的材料在高温或腐蚀性的条件下使用，这种情况是不可能修复的；有时材料耐受性不良是由于生产过程不可控，例如在耐蚀镍合金（镍铸铁）中有太多的碳化物，导致韧度降低、磁性增加，这些碳化物可以通过特定的热处理去除。

### 10.2.5　其他要求

其他要求通常是表面的要求，如表面太粗糙，可以通过磨削、喷丸、抛光等方法进行修复，这样的修复是非常繁琐的。

渗透性（气密性）问题也是经常会出现的，可以通过渗入另一种材料或采用可焊材

料的焊接来解决。

## 10.3 修复方法

### 10.3.1 热处理

热处理可以改变材料的显微组织结构，其力学性能、物理性能和对服役环境的耐受性也会改变。如果标准规定要进行热处理，就必须进行热处理。任何其他的处理，在标准或要求中未提时，则必须要在顾客同意后才可以进行。

### 10.3.2 磨削和喷丸

铸件中小的缺陷（如裂纹、夹杂物）可以通过磨削去除，但处理后铸件的尺寸依然要符合设计要求，如图 10-8 所示。磨削、喷丸还用于改善铸件表面粗糙度和表面外观。

### 10.3.3 机械加工

多余的材料总是要去除，额外的机械加工会产生额外的费用。材料缺陷可通过焊接修复，然后进行磨削或加工。有时可以用黏结或用螺栓连接额外的材料进行修复。这种处理方法只有通过顾客的书面批准后才能进行。

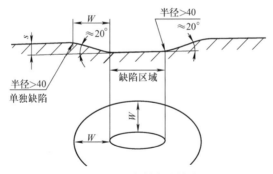

图 10-8　磨削去除缺陷

### 10.3.4 黏结剂腻子的使用

由于造型或磨削造成材料缺陷会产生随后的一系列问题，如出现裂纹、粗糙表面或针眼、划痕（见图 10-9）、涂装后的视觉效果等。图 10-10 所示为用腻子处理的缺陷。

图 10-9　去除金属的磨削痕

图 10-10　用腻子处理的缺陷

有些缺陷可以通过涂上腻子进行修复，这些腻子通常有很好的抗压强度能满足常规的（无腐蚀、无高温）服役条件。然而如果在使用期间多振动或温度多变，则会产生修补的腻子脱落等问题。没有顾客或设计者的书面批准，不能做这样的修补。

## 10.3.5 焊接

焊接是最常见的铁基合金的修补方法。图 10-11 所示为焊接的铸铁件（焊接后尚未修磨和热处理）。

但要注意并不是所有的铁基合金都可以焊接，如马氏体白口铸铁是不能焊接的。对于低碳钢而言，当含碳质量分数小于 0.25%时，具有较好的焊接性，可以很容易地焊接。

补焊用的焊接材料需要依据铸件的性能进行选择：

1）一致性：与铸件的质量是相同级别的或高级别的。

2）力学性能、物理性能和使用条件的要求。

3）焊缝 - 铸造材料的连接必须是完美的，这可以用弯曲试验测试，主要用于检验焊缝的韧度和连接强度。将试样按 ASME Ⅸ标准，通常进行 90°～120° 弯曲，弯曲后无连接问题无裂纹产生。详见标准中要求（见图 10-12）。

图 10-11 焊接的铸铁件

图 10-12 检验焊接质量的弯曲试验

4）造成的铸造材料的变化必须要在标准要求的范围之内。

## 10.3.6 其他修补方法

如果铸件没有足够的耐压致密性，则有必要进行修补，此时的铸件大部分成本都已花费：如浇注、清理、磨削、热处理、预加工。

大的明显的渗漏区或渗漏裂纹只能通过填充或焊接修复，如果渗漏是通过多孔区存在的，则焊接是不可能的。在这种情况下，可以进行浸渗，即在压力（或真空）下渗入其他材料并固化，这样铸件就有足够的耐受性。现在这种方法已经得到多家检查机构的认可，一些大公司也把它作为生产复杂和重要铸件的标准生产步骤。

1）"返修"经常被错误地使用，通常指考虑到缺陷的尺寸和深度，在保证铸件的最小壁厚情况下，铸造厂可以自行决定是否清除缺陷代替修复和如何修复，并且不必告知顾客。

然而，如缺陷位于材料断面的应力集中区域（尤其是在弯曲和扭转应力）或接触不利环境（侵蚀、腐蚀等），则进行修复是非常必要的。同时，修复材料必须要依据铸件的使用条件进行选择，且铸件材料特别是临近修补区域的铸件材料不能因为修补而发生

变化。所以此时建议要报告所有的修补。

2）缺陷的去除也是一个讨论热点。最常见的观点是缺陷要完全地去除并且必须要用无损试验的方法进行检测；也有观点考虑到现实和成本，坚持认为缺陷去除后，其残余缺陷符合质量标准即可，这种方法意味着工作量小，但是比较危险。

3）最好和最便宜的修补方法是：如果强度计算允许，去除缺陷仅需要修磨光滑而不需要修补。

## 10.4 焊接性

有必要检查一种金属是否可以通过焊接修复，并且结果是否可以满足材料和铸造标准的要求，这是选择焊接修复方法的决定性因素。

铁基合金的焊接性评估，可通过以下方法：

1）预热的必要性（与焊接材料成分、母材成分、焊接方法和需要修复的区域的形状相关）。

2）必须要做焊后热处理。

通常情况下，焊接必须用与铸造材料成分接近的填充材料或同等材料（考虑铸造材料的主要要求）。评估的参数是母材碳当量（CE）、预热温度（PHT）和焊后热处理（PWHT）。

### 10.4.1 焊接碳当量

在 20 世纪 50 年代，德登和奥尼尔引入了碳当量这一术语。它用来预测焊缝区受焊接热影响形成的"硬化"和"冷裂纹"的趋势。

国际公认的碳当量 CE 计算公式，适用于铁基合金：

$$CE = \%C + \%Mn/6 + (\%Cr + \%Mo + \%V)/5 + (\%Ni + \%Cu)/15 \tag{10-1}$$

这是德登和奥尼尔公式。

$$P_{cm} = \%C + \%Si/30 + (\%Mn + \%Cu + \%Cr)/20 + \%Ni/60 + \%Mo/15 + \%V/10 + 5B \tag{10-2}$$

这是伊藤和贝西尔公式（P 是裂纹敏感系数）。

冷却速度受周围的条件（环境温度）影响，材料断面和氢的存在是非常重要的。因此，另一个在日本通用的公式为

$$P_{cm} = \%C + \%Si/30 + (\%Mn + \%Cu + \%Cr)/20 + \%Ni/60 + \%Mo/15 + \\ \%V/10 + 5B + t/600 + H/60 \tag{10-3}$$

式中　$P_{cm}$——焊接裂纹敏感性指数；

　　　$t$——壁厚（mm）；

　　　H——焊接金属里的 H 含量（$cm^3/100g$）。

### 10.4.2 预热

预热对焊后冷却速度有影响。这是因为冷却速度取决于：

1）热流经过材料的断面和体积（体积 / 冷却面积）。

2）焊缝熔池和铸件之间的温度差，决定熔池的凝固、冷却速度（过冷度）。

3）预热温度越高，焊缝和铸件之间的温度差越小，焊缝和其周围冷却的更慢、更

均匀。

焊接促使补焊区域温度持续升高，需要结合母材特性（成分、性能、工况环境等）选择合适的焊接方法。而焊接热输入则取决于焊接参数的设定（焊接电流、焊接电压、焊接速度等）。焊接过程中，始终保证焊接区温度在可控的范围，若过低，对于铸铁容易产生白口铸铁；若过高，容易产生有害相。容易产生的问题有：

1）脆性断裂。

2）西格玛相和碳化物的形成。

3）额外回火造成强度损失。

4）额外氢的摄入使得冷却变得更加关键。

因此要设定最高的层间温度。必须指出的是层间温度是金属（铸件）表面处紧挨焊缝的温度。温度的测量必须用校准的温度计。

以下为用于计算的公式：

1）简单规则（见表 10-2）。

表 10-2　简单规则

| CE < 0.40 % | 不需要进行热处理 |
|---|---|
| 0.40% <CE < 0.50% | 200 ~ 250℃，壁厚 > 25 mm |
| 0.50%< CE < 0.60% | 250 ~ 300℃，壁厚 > 15 mm |
| CE > 0.60% | 300 ~ 400℃，壁厚 > 15mm |

2）英国标准 BS 5135。

预热温度可以从与碳当量、弯曲能量和结合厚度相关的图表里选择。

3）根据日本的公式。

$$T = 1440P - 392（℃）\tag{10-4}$$

图 10-13 所示为钢的无裂纹的焊接要求，与预热温度和碳当量相关，给出了焊接不产生裂纹的区域，曲线的左下方是出现裂纹的区域。

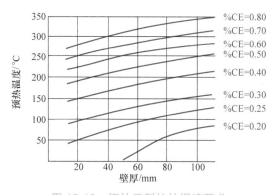

图 10-13　钢的无裂纹的焊接要求

## 10.4.3　焊后热处理

这个热处理必须使焊接材料和热影响区的微观结构和力学性能达到所要求的值。这

通常是强度、韧度和硬度的较好结合。对于抗侵蚀材料应是马氏体组织和大量的碳化物。对于耐蚀材料应是奥氏体组织和低至零的碳化物。

焊缝和母材（铸件）的力学性能值和微观结构类型必须尽可能互相接近，最好是相同。

焊后热处理也必须进行材料和焊缝的应力消除。残余应力可以表示如下：

$$\Phi_r = kt^{-n} \tag{10-5}$$

式中　　$k,n$ ——由材料和温度决定的因素；

　　　　$t$ ——在某温度下的时间。

很明显温度是最重要的，时间有较小的影响。大部分的应力在达到应力消除温度后短时间内可以消除。

对于高合金钢、耐蚀和耐热钢，检测验证约 0.5h（在相应的温度）后应力就已经降低了，无需在相应的温度保持几个小时。开始计算的时间是所有的材料都达到退火的温度。

## 10.5 程序

修补必须根据程序执行。最常见的修补是按照国际标准或指南确定焊接工艺。

焊工必须要进行认证，焊接根据作业计划（焊接准备、预热、焊接和精加工）来进行，检测必须由认证的检测员完成。

对于最常见的材料，建议使用相应的焊接规程。当然自己制定焊接规程也是可以的。焊工必须持有资格证书，资格证书在考核焊工后领取，而且是有期限的。这个认证的相关标准如下：

ASME Section IX 锅炉压力容器第 9 卷：焊接工艺评定。

ASTM A488　铸钢件焊接程序和人员资格的标准。

ISO 9606-1 焊工认证测试熔焊第 1 部分：钢。

ISO WD 11970 铸钢件制造焊接工艺的规范和验收。

焊工必须定期进行认证，这样他的知识和经验可以保持在基本水平或提高。

焊接区是通过完全去除缺陷并且塑造正确的焊接区（根角和半径,槽的深度与宽度）进行准备。缺陷的去除必须得到适当的无损检测的检验确认。这不仅为获得良好的最终结果是重要的，而且如果缺陷依然存在的话就会使焊接更加困难。

根据焊接类型（MIG、TIG、焊条、氧乙炔焊）和焊接参数（如焊接电流）与焊接采用的方式（自动、连续、编织），焊接是不同的。焊后热处理通常是应力退火。

对铬的马氏体型不锈钢在焊接之前必须进行退火软化，因此它必须得到完整的规定的焊后热处理（由调质处理组成的热处理）。

在程序中，检测必须完整描述，焊缝的质量必须满足铸造材料的最低要求。还有就是热影响区（HAZ 是受焊接热影响区）必须进行检查。如果焊后进行了完整的热处理，则必须再一次对整个铸件区域进行完全的检测。

## 10.6 报告

修复报告必须清楚地显示和说明遵从哪一个修补程序，谁来做修补工作，以及其针对这个程序和材料的资格，并且根据检测方法、检查质量以及具有什么操作资格的人员来确认。

所有的报告都必须通过操作者签字，根据相关标准提及他们的注册编号和认证级别。

最后一个负责的人必须作证，一切都按书面报告的方式完成，这个人通常是检验部门的负责人。

## 10.7 总结

修复总是会带来额外的成本，因此必须避免或尽可能减少。修复可以通过使用规定的生产方法（程序）和使用固定的检验体系，其中戴明环的连续改进起到了一定的作用，用一个简单的词总结就是：使用过程控制。

铸造可能是非常困难的，例如形状和材料的结合造成缺陷的风险非常高。因此铸造厂和设计者为了找到对各方都是最好的解决办法就需要在最初阶段进行充分的讨论沟通。

如果出现不合格，第一个问题是该缺陷是否可以保留，或是否必须去除或者必须去除并修复。如果进行修复，就必须依照通用规则。这意味着根据前面讨论的规程，由合格的和认证的操作员完成，并且由合格的和认证的检查员检测。报告将提到所有的准备、过程、使用的检查方法和明确的结果。

# 第11章

# 铸件的表面处理

表面处理是铸件完成准备交付时做的处理，通常是铸件在加工完成后再进行的增加的保护层处理，这种附加的保护处理可以是最终保护或临时保护层。因为铸件接触到空气中的湿度会很快生锈，而且经抛丸的铸件表面生锈发生的更快，因此大部分铸铁和铸钢件都适宜这种表面处理。

铸件有五类表面处理方法：

1）清洁铸件表面。

2）改变铸件表面的应力状态。

3）增加另一种材料（保护层）。

4）增加硬化层（耐磨、耐蚀）。

5）表面硬化。

## 11.1 清理

所有铸件上的氧化物、硅酸盐、砂灰和其他材料必须移除，且视觉外观必须符合要求。为了后序和最终的表面处理，铸件表面必须要清理。表面清理方法有：机械法、化学法或电化学法。

### 11.1.1 机械清理

铸件经过终检后会再次进行喷丸处理，以去除打磨以及 NDT 检测留下痕迹或附着其他降低了外观质量的材料。清理可使用钢丸、砂、玻璃和磨碎的果核的抛丸材料，甚至可用冰进行喷丸处理。抛丸可以用压缩空气作为喷击材料的载体，也可用快速转动叶轮把喷击材料高速度地喷击到铸件表面上。

### 11.1.2 化学清理

也可以用化学物质（液体）清理铸件，主要用于不锈钢。这个过程通常比机械清理需要更长的时间并且时间越长结果越好，见图 11-1 和图 11-2。

图 11-1　化学清理概况

图 11-2　化学处理中

这种方法很少用于碳素钢和低合金钢以及铸铁。

酸洗是在酸浴中进行表面处理，最通常的酸洗溶液是硫酸、盐酸、磷酸或它们的混合物。使用的温度范围从室温到 850℃。酸洗液与氧化皮下的金属起化学反应，以去除表面的氧化物。随后用不含矿物质的热水冲洗，消除残留的酸。酸洗也可以是溶剂进行表面脱脂，适用于所有的材料。

最严重而且环境最差的清理是在盐浴（温度为 450℃）中进行。这种类型的清洁对操作者的健康是有危险的，特别是在装卸铸件期间。化学清洗总是比机械清理的环境更糟。

对环境最好的但效果最小的是蒸气清洗。蒸气清洗并不是一个真正的化学清洗。

铸件经过化学清洗后，立即进行表面保护是绝对必要的，因为它很快就会腐蚀（如生锈）。

### 11.1.3　电化学清理

铸件清理后用电化学程序（活跃的液体和低电流）进行特殊的电化学清理。这种方法主要用于表面已经光滑但是还存在需要去除的薄层材料或局部需要去除的材料。

### 11.1.4　抛光

抛光是一种特殊类型的机械清洁，这种方法使用其他的磨料以便获得干净和光洁的铸件表面状况，这种方法应用于铝铸件、钢和不锈钢件，目的是获得装饰性的效果，见图 11-3 和图 11-4。

图 11-3　铝铸件的抛光

图 11-4　铸件抛光和没有抛光之间的区别

## 11.2 改变铸件表面应力状态

这种处理方法是在铸件表面上引入压应力，这对抗侵蚀应用（应力腐蚀）和接触磨损（轴承）都是很重要的。这种处理下铸件疲劳强度也会增加。

这种处理方法有两种：喷丸强化和压延。喷丸强化是用玻璃珠或打碎果核进行喷丸处理。这种处理主要用在等温淬火球墨铸铁（ADI）链轮，球墨铸铁链轮金相组织中总是含有一些残留奥氏体。这些残留奥氏体部分可能会在喷击造成的冷变形作用下转变成马氏体。而压延处理在足够高的负荷（冷变形）下将奥氏体转变成马氏体，施加的压力大小取决于需要形成的马氏体层的厚度。这种马氏体未回火并且很硬。

## 11.3 在铸件上应用另一种材料（保护层）

这种类型的处理，有四种方法：电镀、热浸涂、特种涂料和有机涂料。机加工后进行多次这种防护处理要注意的一个问题就是在不损坏加工表面的情况下对铸件进行清理。通常用木料或者橡胶对铸件表面进行保护，如图 11-5 和图 11-6 所示。

图 11-5　橡胶保护钻孔和螺纹孔

图 11-6　木板保护加工表面

### 11.3.1　电镀

有多种材料可以用做铸件表面电镀的镀层材料。每种材料都有自己的特性和应用范围。电镀的重要特性是其具有良好的外观、耐蚀性、耐磨性、延展性和焊接性。

电镀铬是利用它的耐磨性和作为装饰性的涂层，由于缺乏足够的延展性，要求使用耐腐性和具有延展性金属做内层，通常配合使用镍和铜镀层。电镀铬镀层厚度为 $2.5\sim500\,\mu m$。铬硬化处理镀层的硬度为 700~1000HV。

镍耐多种化学品和大气的腐蚀适用于防腐蚀和防磨损，但一般做镀铬的底层。镀镍层厚度为 $150\sim500\,\mu m$。为提高耐蚀性，还可使用镉（镀层 < $25\,\mu m$，适合应用在海水中）。

镀锌层成本低，用于工业环境和较弱的海洋环境防护。

电镀也可以用于装饰目的，可使用的金属有铜、锡、铬（< $1.3\,\mu m$）和镍。

一些金属可作为电镀处理的底层材料，例如镍通常作为铬化处理的底层，铜作为铬化处理和镀镍的基层。铜也经常是钎焊的基层。

## 11.3.2　热浸镀

热浸镀是将铸件浸泡在一个熔融金属浴池中，使铸件上附着一层薄薄的镀层。可使用的金属层有铝、锡（含铅）、锌及其合金等。这种方法给出了一个比电镀更好的结果，铸件表面经良好的清理可制得厚实、均匀并且与金属结合牢靠的热浸镀层。

热浸镀锌主要用于钢件，铸铁应用较少。如果是应用于铸铁，建议保持铁中硅含量尽可能低。镀锌增加了抵抗大气腐蚀的耐蚀性。

应用热浸镀铝可带来很多可能性，镀铝层很快会形成一个保护性的氧化膜。会增加铸件的耐蚀性和耐热性（化学腐蚀），也可以抵抗硫和磷的烟雾。

应用锌铝合金（质量分数为 27% 铝和质量分数为 23% 锌）可以提供比纯锌更好的空气耐蚀性。

锡主要用作装饰效果或餐具铸件。但对于餐具，使用越来越少，因为锡合金通常含有铅，这对人类健康是有害的。

铅合金（纯铅很少使用）必须小心地处理，因为铅及其废气是有剧毒的。该材料具有非常高的抗硫酸雾能力，常常应用在化学工业中。

需注意的是，如果后续还要焊接，则焊缝周围的其他材料层在焊接前必须彻底地去除。因为这些层由熔点相对较低的金属组成，很快就会渗入铸件金属里并且对其性能产生负面影响。

重熔具有这种表面层的铸件会造成环境和冶金问题。目前还在进行研究，试图找到解决这个问题的方法，不太昂贵地在熔化前除去这些表面层。

## 11.3.3　特殊涂料

磷化处理是在铸件表面形成一个磷结晶层。这是发生的磷酸和其他一些催化剂之间的化学反应，通常发生在 75~90℃ 的温度范围。结晶层厚度大约为 25μm。因为磷与铸件材料中主要元素铁和锰相连接使得磷化层与金属相结合的很好。磷化层增加了耐蚀性和耐磨性，它也可以用作有机涂层的极好基层。

铬化处理是一个众所周知的技术，铬是通过含有铬的酸浴或盐浴形成，其会形成一个几乎密封层并且水无法穿透它，因此在海水中大量应用。它也可以用于装饰效果（它可以是彩色）。最后较少的应用（非常昂贵）是作为有机涂层的基层使用。

形成 $Fe_3O_4$ 氧化层。氧化层是在温度 480~590℃ 的蒸汽影响下形成的。这种涂层有一个蓝色 - 黑色的颜色并且被当作装饰来欣赏。这种涂层易吸收油和蜡，使其易于维护，因为它吸收油，它也可以在微振磨损条件下使用。它也可以用作增加有机涂层的基层。一个非常特殊的示例是炊具上的不粘涂层（见图 11-7 和图 11-8）。

## 11.3.4　有机涂料

有机涂料主要用于防止大气腐蚀，有些类型甚至可以抵抗更强烈的腐蚀。另一作用是装饰效果，涂层的颜色和颜色组合是重要的因素。

有机涂料通常分为以下几类：

1）溶剂载体是挥发性材料，溶剂蒸发后会导致涂层变硬。

图 11-7　不粘涂层（一）

图 11-8　不粘涂层（二）

2）水基溶剂，优点是环境友好，不利的是需要干燥。

3）橡胶基：这种涂层具有更高的性能强度和具有更多的耐腐蚀可能性。

4）颜料和添加剂基：涂层因为聚合或氧化作用硬化，并且颜料和添加剂依据添加量形成不同性能的硬化层，这种涂料有很大的发展潜力。

5）沥青基：这种焦油产品的黑色汽化溶剂，具有很高的耐水性。因此在船舶建造中大量使用。

这些液体涂料的经典施涂方式就是刷涂、浸渍或喷涂。涂料用某种材料稀释，随后蒸发继而硬化涂层材料。

粉末涂料硬化很快并且连接更好。如果正确地施涂，涂层有更多的可能性和更强的抵抗力。

使用涂料通常含有铅和锌，后续的加工或报废的铸件重熔后这些元素可以进入到新的金属材料中，它们对铸件的力学性能有很大的负面影响，尤其是对球墨铸铁。

涂层的质量取决于铸件表面的清理（主要是喷砂）和施涂（均匀厚度）。有时因为施涂不均匀需要修复涂层，见图 11-9，通常这样的地方涂料应该去除并重新施涂，图 11-10~ 图 11-12 所示为一些施涂后的铸件。

图 11-9　非均匀的施涂

图 11-10　施涂后的齿轮箱铸件

图 11-11　施涂和标记的发动机体　　　图 11-12　涂装过的风力发动机轮毂

### 11.3.5　粉末涂料

粉末涂层是将可塑性树脂熔化黏结在铸件上的方法，粉末涂层相比有机涂层使得铸件（零件）有更好的保护并且看起来更亮（见图 11-13~图 11-16）。涂层是在加热到 200~220℃完成的，涂层坚硬、耐磨损、耐腐蚀。

图 11-13　炊具上喷粉末涂料（一）　　图 11-14　炊具上喷粉末涂料（二）

图 11-15　箱涂层　　　　　　　　　图 11-16　把手涂层

### 11.3.6　电泳涂装

电泳涂装技术是将带电漆料粒子从水悬浮液中沉积出来并涂到导电工件上的一种工艺。这种工艺广泛应用于涂装金属零件，从简单的冲压件到复杂的汽车车身件（见图

11-17 和图 11-18 )。

图 11-17　电泳涂装零件（一）　　　　　图 11-18　电泳涂装零件（二）

这种方法在浸漆槽（阴极）和工件（阳极）之间供电，使漆料粒子带上电荷形成厚度均匀的漆膜。电泳涂装要求涂料黏结剂、颜料和添加剂能产生带电粒子。这些带电材料，在电场的影响下在水中迁移到部件表面。这些带电材料在部件上一旦和电化学过程中产生 OH⁻（阴极过程）中和就失去电性，涂层材料从水悬浮液中沉积出来涂敷在部件上。电涂层厚度通常为 $10\sim30\mu m$。

需要电泳涂装的汽车零部件通常在沉积前经过一个锌或铁磷化处理，这个处理会提高电泳涂装的应用性。这种涂料主要应用于货车、巴士和轿车铸件，位于室外，并受天气状况影响。典型的测试是涂层厚度和至少 48h 的盐雾试验。

## 11.4　硬化层的应用

这个类别有四种方法：耐磨堆焊、熔覆焊、热喷涂和搪瓷。

### 11.4.1　耐磨堆焊

硬化层通过焊接沉积技术增加，其过程可使用所有类型的焊接工艺：氧乙炔焊、电气焊和激光焊。

主要含碳化物的层适用于耐磨，含镍、钴和氧化的层适用于腐蚀和高温。

厚度（特别是最小厚度）取决于使用的焊接方法：

① 氧乙炔焊 > 0.8mm。

② 惰性气体保护焊 > 1.6mm。

③ 钨极氩弧焊 > 2.4mm。

④ 激光焊 > 0.10mm。

硬化层必须保护铸件材料。如果铸件在服役期间受到局部或过度侵蚀或腐蚀，这种方法可以作为修复方法。

### 11.4.2　熔覆焊

在这个方法中，用电弧焊焊厚度 > 3mm 的厚层。这个熔覆焊层主要是由铜或镍合金组成。该方法也可以应用于不锈钢。该熔覆焊层通常用来抵抗腐蚀。

### 11.4.3　热喷涂

应用层材料在火焰中熔化并喷涂在铸件表面（见图 11-19~ 图 11-21）。热喷涂层厚度可以达到 3~5mm。喷涂的铸件需要预热到 200℃。应用技术见表 11-1。

表 11-1　热喷涂技术

| 方法 | 名称 | 材料 | 类型 |
|---|---|---|---|
| OFW | 火焰线材喷涂 | 线 | 氧乙炔焊 |
| EAW | 电弧线材喷涂 | 线 | 电弧焊 |
| OFP | 火焰粉末喷涂 | 粉末 | 氧乙炔焊 |
| PA | 等离子弧粉末喷涂 | 粉末 | 等离子弧焊 |
| HVOF | 高速火焰粉末喷涂 | 粉末 | 氧乙炔焊 |

图 11-19　喷涂器

图 11-20　等离子弧喷涂氧化铝层

此方法用于下列目的：

1）腐蚀：用锌和铝。

2）磨损：用铬、钨、钛、碳化物和氧化物。

3）氧化：用铝、镍、铬。

4）形状修正：具体取决于适用于磨损或腐蚀合金。

5）耐热性：铬、铝、锌、钴及金。

### 11.4.4　搪瓷

这种方法是在部件上增加一层陶瓷层（通常是在更高温度下最终形成），其可以耐化学腐蚀和耐高温。因此该层非常坚硬并且不容易划伤。

这种方法可以使用液体或干燥的上釉材料，利用热

图 11-21　控制仪表

喷涂、静电方法等，主要用于厨房、卫生设施和炉子铸件（见图 11-22）。

相关标准：ASTM C660-1981（2010）搪瓷上釉用灰口铁铸件的准备和制造规程。

搪瓷的灰铸铁是在高温下（425℃）将玻璃态或似玻璃的无机涂料的合成物通过熔合凝结到铸件上。搪瓷是一系列涂料，有各种各样的组成和性能，但所有的都具有玻璃状性质的特点。选择一种适当的瓷釉必须建立在最终使用要求的基础上。某些铸造设计特点和加工考虑可以促进应用和有效使用选定的搪瓷。

图 11-22 搪过瓷的栅格

铸件上常用的搪瓷有湿法搪瓷和干法搪瓷两种。湿法搪瓷工艺是将釉浆浸或喷于铸件上，通过干燥去除水分，釉层成形的过程就是在加热炉中加热足够的时间使玻璃颗粒熔化的过程；干法搪瓷是将玻璃质干粉末施在烧红的铸件上，该铸件在烧之前已经进行了湿法搪瓷。部分成熟的粉末涂层还需要回炉完成熔合过程。一般来说，湿法搪瓷的厚度要比干法搪瓷的厚度小。

# 11.5 表面硬化

铸件表面硬化处理对于获得需要的耐磨性是一种既好又经济的方法。表面硬化处理可以通过表面热处理或采用合金元素及热处理的方法完成。获得最大的表层硬度取决于表层的碳含量，而断面内部不会硬化并且仍保持其韧度。热处理加热采用火焰、感应或激光进行。

## 11.5.1 非合金化处理

目标是表层获得马氏体组织，而心部仍然是保持韧度的原始组织（通常是珠光体）。通过加热金属到 $Ac_3$ 温度以上使组织转变成奥氏体，然后以足够快的速率冷却，以便形成马氏体：

1）珠光体组织的材料处理的反应要比铁素体组织快得多。

2）奥氏体材料（不锈钢或锰钢、高镍合金铸铁）不能被硬化。

3）马氏体铸铁也不能使用这种方法，因为其整个材料断面已经是马氏体。

处理获得的硬度取决于表层材料碳的含量，获得的淬硬深度取决于热影响区、加热的温度和冷却速度。球墨铸铁可以得到的数据见表 11-2。

表 11-2　球墨铸铁热处理可达到的数值

| 硬化温度和深度 | | 初始组织铁素体 | 初始组织珠光体 |
|---|---|---|---|
| 硬化温度 /℃ | 硬化深度 /mm | 硬度 HRC | 硬度 HRC |
| 780 | 0.5 | 11 | 52 |
| 810 | 1.0 | 12 | 58 |
| 840 | 2.0 | 16 | 60 |
| 870 | 2.5 | 18 | 60 |
| 900 | 3.0 | 21 | 60 |
| 930 | 3.5 | 26 | 60 |

用火焰淬火（见图 11-23），硬化深度约为 5mm。考虑到位置和适用于各种不同形状的铸件，这种方法是非常灵活的，其不需要很多的准备和投资。

下面是一些实践数据，见表 11-3。

表 11-3　实践数据

| 材料 | 组织 | 硬度 HRC | 硬化深度 /mm |
|---|---|---|---|
| 灰铸铁 | 珠光体 | 400~500 HBW | 2 |
| 球墨铸铁 | 铁素体 | 35~45 | — |
| | 珠光体 | 58~62 | — |
| 可锻铸铁 | 珠光体 | 55~60 | 2.5 |
| 钢（取决于 C%） | — | 65 | 2.0 |

感应淬火处理（见图 11-24），通过放置在需要硬化部位的感应线圈周围的感应来加热，加热深度取决于输入电的功率。

图 11-23　火焰淬火

图 11-24　感应淬火

感应淬火的应用可能性比火焰淬火更有限并且投资成本较高。但是过程可以很好地控制，减少对操作依赖。下面是一个感应淬火实例的工艺参数，见表 11-4。

表 11-4　感应淬火工艺参数示例

| 功率 /kHz | 输入 /（W/mm$^2$） | 可硬化深度 /mm |
|---|---|---|
| 1 | 15.5 | 4.5~8.8 |
| 3 | 23.3 | 3.8~5.1 |
| 10 | 15.5 | 2.5~3.8 |
| 500 | 15.5 | 1.0~2.0 |

实际硬化处理结果见表 11-5。

表 11-5　实际硬化处理结果示例

| 材料 | 温度 /℃ | 冷却介质 | 硬度 |
|---|---|---|---|
| 钢，0.30%C（质量分数） | 900 | 水 | 50 |
| 钢，0.35%C（质量分数） | 900 | 水 | 52 |
| 钢，0.40%C（质量分数） | 870 | 水 | 55 |
| 钢，0.45%C（质量分数） | 870 | 水 | 58 |

（续）

| 材料 | 温度 / ℃ | 冷却介质 | 硬度 |
|---|---|---|---|
| 钢，0.50%C（质量分数） | 870 | 水 | 60 |
| 钢，0.60%C（质量分数） | 845 | 水 | 64 |
| 钢，0.60%C（质量分数） | 845 | 油 | 62 |
| 灰铸铁 | 870 | 水 | 45 |
| 可锻铸铁 | 870 | 水 | 48 |
| 球墨铸铁 | 870 | 水 | 50 |

激光加热表面硬化有两种方法：

1）加热表面金属到奥氏体区，类似于火焰淬火和感应淬火，然后尽可能快的冷却以获得马氏体组织。通常发生在惰性气体的气氛中。使用功率从 500 ~ 10000W / cm² 变化，加热时间从 0.1~10s 变化。对于铸钢和铸铁结果是不同的，二者的热导率不同：铸铁 0.46~0.57 W/cm·℃，铸钢 0.36~0.39 W/cm·℃；而且二者的温度扩散也不同：铸铁 0.100~0.148 cm²/s，铸钢 0.065~0.070 cm²/s。

激光加热表面硬化在铸铁上可获得 2.5mm 的深度，在铸钢上可获得 1.3mm 的深度。

2）特殊的激光表面硬化处理是将金属表面熔化，除了改变基体组织还改变铸铁中游离石墨形状和晶粒大小，改变碳化物、氮化物数量。这种情况下激光功率是 1000~300000 W / cm²，预热时间是 0.01~1s，处理始终是在一种惰性气体保护下进行。

## 11.5.2 加入合金元素

这种处理中经常要添加两种元素：碳和氮。通过使用激光也有可能实现将其他元素施加到金属表面上。其他元素被导入到金属表面会在表面形成一层不同于表层下基体材料化学成分的表面层，这个表面层会具有完全不一样的性能。

### 1. 加入碳

在有关文献中，通常被称为渗碳。碳的导入，特别是对钢，增加表面层基体的碳含量，从而造成表面硬度的增加。处理包括引入碳然后硬化表面。因为碳通常在 $Ac_3$ 温度（奥氏体区域）以上导入，其可以与表面硬化结合在一起处理。

最常见的碳导入方法是气体、液体和固体渗碳。

气体渗碳法采用高碳气氛和 850~950℃ 的温度。温度越高，渗碳过程会越快。理论上渗碳深度是无限制的，但这个过程会减慢。考虑经济因素最佳的深度通常为 2~3mm。渗碳深度可以根据以下公式计算：

$$925 \quad a = 0.635t^{1/2}$$
$$900 \quad a = 0.536t^{1/2}$$
$$870 \quad a = 0.457t^{1/2}$$

式中　$a$——渗碳深度（mm）；

　　　$t$——时间（h）。

液体渗碳使用熔盐。盐浴的温度必须高于被处理的铸件材料的 $Ac_1$ 温度（奥氏体转变开始温度）。该方法用于铸铁和铸钢。

如果使用氰化物盐浴，渗碳深度可达到 0.25mm，其他盐浴可达 6.5mm。渗碳深度计算公式如下：

$$925℃\ a = 0.64t^{1/2}$$
$$870℃\ a = 0.46t^{1/2}$$
$$815℃\ a = 0.30t^{1/2}$$

式中　$a$——渗碳深度（mm）；

$t$——时间（h）。

包装渗碳零件需要将零件和固体碳载体包装在一起放进箱子里并密封好。

珠光体球墨铸铁可获得的有关硬度和深度：硬度可达 700~800HV，深度可达 5mm。

### 2. 加入氮

目的是通过施加压应力增加硬度和疲劳强度或通过导入氮增加耐蚀性。通常有两种方法：气体渗氮和液体渗氮。

气体渗氮主要是使用氨气在 495~565℃ 的温度范围内进行处理。多用于钢，特别是用于铝、钒、铬、钨和钼合金钢，因为这些元素可以形成氮化物或增加氮化的形成。可获得的渗氮深度是 0.3~0.6mm。图 11-25 所示为氨气渗氮炉。

液体渗氮是在 510~565℃ 的温度范围内进行氰化物浴，这种方法主要用于钢件，其渗透深度通常是 0.2~0.3mm。特殊钢材（如铝合金钢），渗透深度可以增加到 0.3~1.0mm。但是相比于渗碳其深度明显减少。

珠光体球墨铸铁渗氮深度为 2mm，其硬度可达到 800~1000HV。

图 11-25　氨气渗氮炉

### 3. 加入碳和氮

加入碳和氮，也叫作碳氮共渗。可淬性比单独的渗碳更高。这是一种提高疲劳强度更合适的方法。

与渗碳相比所需的时间短而且硬化层相当（最大 0.75mm）。最常见的处理温度是 740~870℃。含碳质量分数 < 0.25% 的钢，硬化深度可以达到 0.025~0.075mm，如果含碳质量分数为 0.35%~0.50%，则硬化深度通常会达到 0.60~0.75mm。

### 4. 激光熔融合金化处理

用激光将表面熔化掉很薄的一层并同时导入少量的合金元素。可以使用的元素有铬、硅、镍、钴等元素。激光强度在 0.1~1s 时间内是 1000~300000 $W/cm^2$。

# 第12章

# 铸件标识和机械加工

## 12.1 简介

通常情况下，推荐铸件进行划线检测，即验证铸件的尺寸是否正确，并对加工起始基准线进行标识，检测铸件后都要进行标识。对于批量铸件，尤其是复杂铸件通常也需要对加工起始点进行标识，这样可以使加工更加经济。标识最关键的要求是在涂装后进行，以免无法识别。标识设备及标识铸件如图 12-1~ 图 12-3 所示。

图 12-1　标识设备

常用的机械加工方法有：车削、铣削、钻孔、攻螺纹、拉削等（见图 12-4~ 图 12-8），其过程是将铸件切削去除金属的过程。各种机械加工设备以及相应的加工刀具都可从不同的供应商处获得，不过并不是所有类型的加工是容易实现的。

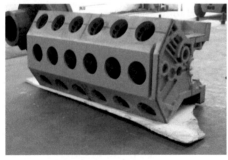

图 12-2　标识的机体（一）

图 12-3　标识的机体（二）

图 12-4　钻床

图 12-5　电腐蚀

图 12-6　数控车床

图 12-7　数控加工中心

通常铸件在加工前，应进行装卡面和基准点、线（加工起始点/起始线）的标识。这些加工基准在铸造工序进行标识十分方便，加工后可以去除或留在铸件上。加工标识对于铸造来说是很小的额外工作，但却可以使加工更加方便。

常规加工方式是由操作者自行操作加工设备进行加工，加工结果相当程度上取决于操作者的自身技能。加工后的工件尺寸变化范围大。加工也可由计算机控制，即加工设备依据程序运行，

图 12-8　多功能机床

操作者仅需要关注加工进程及加工结果。数控机床加工的铸件尺寸几乎相同（仅由于刀具磨损造成尺寸偏差）。

每次加工的夹紧操作都十分重要，这是由于夹紧操作决定了加工零点，也决定了随后切削的准确性。如果无法保证准确性，需要另外的辅助夹紧操作。如果加工过程中夹持位不固定（如工件与夹具的间隙偏差或铸件本身的尺寸偏差），则工件不同位置的加工余量总是变化。这样的加工既不理想也不经济。

对于批量产品可以通过提高效率来获得利润。如使用专用夹具减少可夹持面的偏差，仅需要考虑铸件本身的尺寸偏差。为了保证夹紧尺寸的准确性，铸件上的装夹面必须是铸态的，甚至不允许对这些面进行修磨，如图 12-9、图 12-10 所示的夹具。

图 12-9　机械加工用夹具（一）

图 12-10　机械加工用夹具（二）

　　加工铸件会不时出现问题，存在问题可分为三类：材料、加工余量、工件缺陷（多数是夹渣类缺陷）。

　　铸造工艺适用于生产复杂的、不同壁厚和性能广泛的零件，产品既可以单件交付也可以大批量交付。有些金属材料只能以铸造成形，如铁镍冷硬材料（镍铬铸铁的硬度为55~65HRC）、耐蚀镍合金（一种含镍质量分数为20%~30%的奥氏体铸铁）和锰钢（含镍质量分数为12%~18%）这些材料仅能通过铸造成形。

　　设计铸件时应考虑其加工面以及具体的加工方法，以降低加工成本。任何事物都有缺陷，铸件也不例外。铸件上的缺陷根据不同尺寸及类别进行分类。相关的质量标准规定了缺陷的等级及最大允许偏差。一些存在于加工余量内的缺陷在标准允许的范围内经加工可以去除，可以接受。但是这类缺陷影响加工的均匀性。

　　不同类型的加工方法的表面粗糙度要求见表12-1。

表 12-1　不同加工方法的表面粗糙度要求

| Ra/μm | 50 | 25 | 12.5 | 6.3 | 3.2 | 1.6 | 0.8 | 0.4 | 0.2 | 0.1 | 0.05 | 0.025 | 0.012 |
| --- | --- | --- | --- | --- | --- | --- | --- | --- | --- | --- | --- | --- | --- |
| Ra/μin | 2000 | 1000 | 500 | 250 | 12.5 | 63 | 32 | 16 | 8 | 4 | 2 | 1 | 0.5 |
| **金属切削** | | | | | | | | | | | | | |
| 锯削 | | | | | | | | | | | | | |
| 刨削 | | | | | | | | | | | | | |
| 钻孔 | | | | | | | | | | | | | |
| 铣削 | | | | | | | | | | | | | |
| 车削 | | | | | | | | | | | | | |
| 拉削 | | | | | | | | | | | | | |
| 铰孔 | | | | | | | | | | | | | |
| **研磨料** | | | | | | | | | | | | | |
| 打磨 | | | | | | | | | | | | | |
| 滚筒抛光 | | | | | | | | | | | | | |
| 珩磨 | | | | | | | | | | | | | |
| 电解抛光 | | | | | | | | | | | | | |
| 电解磨削 | | | | | | | | | | | | | |
| 抛光 | | | | | | | | | | | | | |
| 研磨 | | | | | | | | | | | | | |
| 超级研磨 | | | | | | | | | | | | | |

　　注：黑色是首选的，也是最常见的粗糙度，灰色是可能的选择，不常见。

## 12.2 材料问题

被加工材料的最大硬度很大程度上决定了可采用的加工方法及所用加工刀具，不同的加工方法、加工刀具适应不同的材料。不同加工方法对应的材料硬度见表 12-2。

表 12-2  不同加工方法对应的材料硬度

| 加工方法 | 硬度 HRC |
|:---:|:---:|
| 车削 | 60~65 |
| 铣削 | 45~50 |
| 钻孔 | 30~35 |
| 攻螺纹 | 25~30 |
| 拉削 | 25~35 |

表 12-2 中所列硬度范围是一个通常标准。加工更高硬度材料时，也可以使用特殊的刀具。

### 12.2.1  非奥氏体材料（铁素体、珠光体、贝氏体基体）

非奥氏体材料主要包括铸钢、灰铸铁、球墨铸铁、低合金铸铁（合金元素质量分数低于 5%）以及蠕墨铸铁、可锻铸铁等。铸铁件特别是灰铸铁件加工过程中存在大量黑色石墨粉尘，对加工设备和操作员来说是额外的问题。这类材料的铸件加工条件及类型通常都可以在相关的文件中找到。

### 12.2.2  马氏体材料

对铸件进行钻孔、攻螺纹、开键槽等加工时，要求铸件必须是软质材料，为对非常硬的马氏体铸件实现上述加工有两种方法：

1）通过镶铸的方法将软质材料镶铸于铸件中需加工的位置，之后再进行钻孔、攻螺纹等加工时就很容易。

2）铸件通过回火处理后进行加工，之后再进行淬火处理。该方法有如下要求：

① 回火后硬度 <30 HRC。

② 铸件在淬火期间不能变形太多。

③ 铸件的尺寸公差不能太小。

这类材料主要包括工具钢、马氏体铬钢和高合金马氏体铸铁。这些材料中由于含有大量的碳化物导致其加工更加困难。加工这类材质铸件时刀具的选择及切削过程都要十分谨慎。这是因为每一个铸件由于批次不同，热处理不同，其含有的马氏体类型和碳化物含量都可能相同。

### 12.2.3  奥氏体材料

硬度仅为 160~220HBW 的奥氏体材料有时加工也十分困难，这是由于加工产生的冷变形（来自刀具切削应力）形成的马氏体组织影响加工性能。如果刀具作用在铸件上的负载太大，将形成硬度为 55~70HRC 的非回火马氏体，原刀具不适用于高硬度的马氏

体组织，因此会开始颤动（形成不良加工表面）甚至损坏。

这类材料主要有奥氏体型不锈钢和锰钢。双相不锈钢不属于此类材料，因其包含奥氏体和铁素体两种基体。

## 12.3 铸件缺陷

### 12.3.1 铸件表面

每个铸件的所有表面都会与铸型/芯、冷铁接触，这些接触影响铸件的表面质量，铸件表面可能有夹砂、粘砂等缺陷。此外，氧化物、硫化物也可能进入到铸件表面，这类缺陷在铸件表面形成的缺陷层厚度大约有1mm，与铸件截面厚度有关，截面越厚，表面缺陷层也越厚。

另外一个棘手的缺陷是针孔。这类针孔状缺陷一般在铸件表面下，主要出现在铸件顶面，侧面也有，底面较少。针孔缺陷主要是由于型砂的氮含量过高导致，一般主要发生在厚壁铸件上。这些缺陷的缺点是其位于铸件皮下，在铸件首次机械加工后才出现。

冷铁附近的金属凝固速度快，可能形成碳化物（硬度高的白口铸铁）。冷铁影响区的金属晶粒更加细化。

铸件表面会出现以下典型问题：

1）连接铸件和冒口区域，由于金属液长时间保持液态，因此其颗粒粗大，表面粗糙。此类缺陷的产生主要是冒口太大或冒口（暗冒口）没有起作用。

2）总会有一定数量的熔渣、氧化物和其他化合物浮到铸件的上表面，这类缺陷深度可以达到1~5mm厚。这是铸件顶面增加额外加工余量的原因。

3）铸件中可能存在气体夹杂物，这类缺陷是由于空气或气体在金属液中上浮形成，但是由于金属液已经太冷，空气或气体从表面无法逃脱。缺陷层可以达1~5mm。

### 12.3.2 铸件补焊

几乎任何铁合金铸件都可以焊接，包括灰铸铁和球墨铸铁件，但是其焊接性差异很大。焊接材料不同，其焊接类型也不同，焊接操作必须严格遵循操作规程。焊接区域附近的热影响区的高硬度对加工十分有害。一般需要通过热处理降低硬度。必须牢记去应力处理不能降低硬度，只有通过正火和分解碳化物的热处理才能消除增加的硬度。

铸件使用镍焊条进行焊接，焊缝为较软的奥氏体，其加工性要好于母材区域铁合金（铁素体、珠光体基体）。

### 12.3.3 铸型相关缺陷

铸型相关的缺陷共有三类：

第一类缺陷由于上型、下型错型导致的缺陷，如图12-11所示。

第二类缺陷是由于砂芯错位导致，如图12-12所示。

第三类缺陷是由于不合适的冒口颈设计，导致去除冒口形成的缺陷。

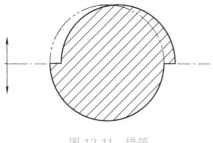

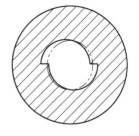

图 12-11　错箱　　　　　　　　　　图 12-12　偏芯

这几类缺陷一般都是偶然出现。但是对于第一类、第二类缺陷应对模样划线进行检验。

## 12.3.4　起模斜度 / 斜率

为将模样从铸型中取出，同时不损坏铸型及模样，模样设置起模斜度是不可避免的。一般模样的起模斜度为 1/100（细长模样需要 5/100），如图 12-13 所示。避免拔模斜度的方法是设计额外的芯子，但模样更加复杂，而且多出的芯子需要另外生产、组装，这种方法不经济。

## 12.3.5　加工余量太多或不足

这是一个经常发生的问题，一般是由于模样的尺寸不正确造成的，多数情况发生在首件生产。制作模样时会依据最小线性收缩率将模样放大，一般根据铸造工厂的经验值选取具体数值。因此加工余量的问题也可由断面收缩率引起。规范中的加工余量不是具体的值而是一个范围，特别是尺寸较大的铸件，其变化范围也很大。例如一个球墨铸件长度方向尺寸为 2000mm，断面收缩率最小为 0.5%，最大为 1.0%，这就会导致长度方向尺寸变化范围为 10~20mm，即每侧最大有 10mm 的变化量，这 10mm 的变化量就是加工量的变化。

铸件本身的形状也影响铸件的收缩，进而影响加工余量，如图 12-14 所示，铸件的内部收缩为零。这些不同位置的收缩情况不同会增加或减少铸件的加工余量。

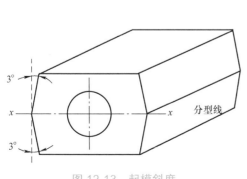

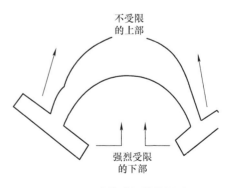

图 12-13　起模斜度　　　　　　　　图 12-14　形状引起的收缩差异

如果铸件批量大，且收缩差异大，建议在浇注批量件前调整模样尺寸适应铸件的收缩变形。

另外的问题就是钻孔操作时由于收缩导致孔偏心。芯子的错误装配或是芯头与芯座之间间隙太大也可能导致偏心孔缺陷。芯孔的错配缺陷十分棘手，会导致无法钻孔。通过调整模样设计（砂芯位置和间隙），可以避免错芯缺陷。错芯尺寸变化小（1~3mm）是可以接受的。

收缩性的变化也可由砂型强度及浇注温度引起。这是因为收缩值取决于铸型强度，如图 12-15 所示。浇注温度越高，金属液越多，更多的型砂会烧结，更容易引起铸件收缩。由此导致的变化一般为 0.1%~0.3%，对小件来说问题不大。

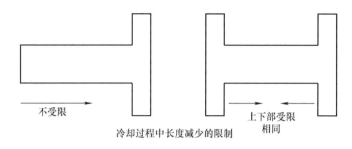

不受限

冷却过程中长度减少的限制

上下部受限
相同

图 12-15 不同截面、不同浇注温度引起的不同收缩

最后一个问题是去除冒口导致的缺损。通过设计易割冒口片或预切冒口可以避免去除冒口损伤铸件的问题。这个问题不是偶然发生的，只要设计有冒口，总有去除冒口的问题产生。

### 12.3.6 铸件弯曲 / 变形

细长铸件，即铸件截面小而长度大，容易产生弯曲变形，这种弯曲变形一般是由应力产生的。如在铸件打箱过程、时效过程、抛丸过程或是机加工过程受到应力而产生变形。弯曲变形缺陷十分有害，会导致铸件报废，特别是加工量小的铸件。加工弯曲变形面时会使铸件壁厚减薄。解决或防止发生弯曲变形的方法是进行去应力时效，并且要对铸件进行良好的支撑防护。

## 12.4 总结

对铸件进行充分的检测，并将其硬度、夹渣、缩松等情况，尤其是一些影响加工的结果（如每一处的加工余量）反馈至加工车间。加工工序通常根据工件已知的情况（如不同工件的材料）进行加工，同时根据检测报告中提到的不符项、硬度情况进行适当的调整。

通过下列一个或多个检测手段发现铸件中影响加工的不符项。

1）目视检测（VT）：目视检测可发现焊接、表面粗糙度问题以及与铸型相关的缺陷等，但是评估其影响程度很困难。

2）尺寸检测：首次尺寸检测可以发现模样尺寸问题。之后的 100% 检测或随机检测可以反馈尺寸变化范围。

3）射线检测（RT）：所有材料的表面、内部缺陷都可使用这种检测方法进行检测。

4）超声波检测（UT）：非奥氏体基金属材料的内部缺陷可以通过这种方法进行检测。但是灰铸铁、白口铸铁（马氏体基）通过这种方法不便检测，需要操作者具备丰富的经验和技能。

5）磁粉检测（MT）：这种方法可发现表面深度 1~2mm 的缺陷。但是不能用于奥氏体基材料，由于其无磁性。

6）液体渗透检测（PT）：每种材料的表面缺陷都可以用该方法进行检测。缺陷必须外漏于表面才可以被测得。

7）硬度试验：硬度试验主要是确定材料是否在正常的强度范围内，或是检验其是否有微观缺陷、夹渣物、焊接过硬区。

# 参 考 文 献

[1] 彭凡，原晓雷，薛蕊莉 . 现代铸铁技术 [M]. 北京：机械工业出版社，2019.

[2] 李亚新 . 铸造手册：第 5 卷 铸造工艺 [M].3 版 . 北京：机械工业出版社，2014.

[3] 张伯明 . 铸造手册：第 1 卷 铸铁 [M].3 版 . 北京：机械工业出版社，2013.

[4] 黄天佑 . 铸造手册：第 4 卷 造型材料 [M].3 版 . 北京：机械工业出版社，2014.

[5] 姜不居 . 铸造手册：第 6 卷 特种铸造 [M].3 版 . 北京：机械工业出版社，2014.

[6] 戴圣龙 . 铸造手册：第 3 卷 铸造非铁合金 [M].3 版 . 北京：机械工业出版社，2011.

[7] 王再友 . 铸造工艺设计及应用 [M]. 北京：机械工业出版社，2016.

[8] 李弘英 . 实用铸造应用技术与实践 [M]. 北京：化学工业出版社，2016.

[9] 陈琦 . 铸造质量检验手册 [M].2 版 . 北京：机械工业出版社，2014.